Pierre TEILLARD

INGÉNIEUR-CHIMISTE

LICENCIÉ ÈS-SCIENCES — LICENCIÉ EN DROIT
LAURÉAT DE LA FACULTÉ DES SCIENCES (UNIVERSITÉ DE MONTPELLIER)

SULFATE ET ACÉTATE

DE CUIVRE

PROPRIÉTÉS, FABRICATION, USAGES

MONTPELLIER
IMPRIMERIE DE LA MANUFACTURE DE LA CHARITÉ
(Pierre-Rouge)

1916

SULFATE ET ACÉTATE

DE CUIVRE

PROPRIÉTÈS, FABRICATION, USAGES

Pierre TEILLARD

INGÉNIEUR-CHIMISTE

LICENCIÉ ÉS-SCIENCES — LICENCIÉ EN DROIT
LAURÉAT DE LA FACULTÉ DES SCIENCES (UNIVERSITÉ DE MONTPELLIER)

SULFATE ET ACÉTATE

DE CUIVRE

PROPRIÉTÉS, FABRICATION, USAGES

MONTPELLIER

IMPRIMERIE DE LA MANUFACTURE DE LA CHARITE

(Pierre-Rouge)

—

1916

MÉMOIRE

POUR L'OBTENTION DU DIPLOME

D'INGÉNIEUR CHIMISTE

1er mai 1914.

APPRÉCIATION DU JURY

Ce mémoire constitue une histoire très complète du Sulfate de Cuivre et de l'Acétate de Cuivre, tant au point de vue théorique qu'au point de vue pratique. L'auteur a su classer les très nombreux faits qu'un minutieux travail de bibliographie lui avait procuré, aussi la lecture de ce mémoire est fort attrayante.

Illustrée de figures schématiques représentant les appareils industriels, accompagnée des statistiques les plus récentes, cette publication ne peut être que consultée avec fruit.

Monsieur Teillard a fait preuve d'une conscience scientifique que ses professeurs lui ont toujours reconnue dans le cours de ses études à la Faculté. Le Jury le félicite unanimement d'avoir mené à aussi bonne fin un sujet, qui, par un certain côté pratique, au point de vue œnologique, l'avait spécialement tenté.

HISTORIQUE

Le sulfate et l'acétate de cuivre paraissent avoir été connus presque aussi anciennement que l'airain.

L'ios des Grecs et l'œrugo des Romains s'obtenait en traitant la limaille d'airain par du vinaigre. On donnait aussi ce même nom à la matière que l'on obtenait en chauffant des clous de bronze ou de cuivre, saupoudrés de soufre, dans un vase de terre, et exposant le produit de la calcination à l'humidité.

L'œrugo préparé à l'aide du soufre était probablement le sulfate de cuivre.

L'œrugo obtenu au moyen du vinaigre était certainement un acétate de cuivre.

Cependant Pline (1) paraît faire une distinction entre ces deux sels de cuivre. Il appelle œrugo le verdet et il semble appeler misy et sory le sulfate de cuivre.

Pline indique ainsi les moyens d'obtenir l'œrugo : « Tantôt on détache l'œrugo tout formé, du minerai qui est soumis à la coction; tantôt on perfore le cuivre blanc et on le suspend sur du vinaigre, dans des barils fermés avec

_____

(1) PLINE, *Hist. nat.*, XXXIV.

un couvercle en cuivre : ce qui donne de l'œrugo bien
meilleur que celui que fournissent les écailles. Quelquefois ce sont des vases même de cuivre blanc, que l'on
plonge dans des pots remplis de vinaigre et qu'on racle
au bout de dix jours. D'autres les recouvrent de marc de
raisin et raclent de même le dixième jour. D'autres encore
arrosent de vinaigre la limaille de cuivre et remuent
plusieurs fois le jour avec des spatules, jusqu'à ce que la
dissolution du métal soit complète. » Ainsi, à n'en pas
douter, l'œrugo dont parle Pline est bien de l'acétate de
cuivre ou encore de l'acétate basique. D'ailleurs l'idée de
falsification doit être aussi vieille que le monde ; Pline
raconte que l'on falsifiait l'œrugo avec de l' « atramentum
sutorium », probablement la couperose verte.

Pour s'assurer s'il y a fraude, entre autres moyens, Pline
recommande d'appliquer l'œrugo sur une feuille de papy-
rus, préalablement trempée dans du suc de noix de Galles.
« S'il y a fraude, le papier noircit aussitôt. »

Dans les paragraphes suivants, Pline parle d'un certain
minerai, la « chalcitis », qui contiendrait du misy et du
sory. Ce minerai provenait de Chypre ou d'Egypte.

Le sory exhalait une odeur désagréable, devenait noir,
avait une consistance spongieuse et un aspect gras quand
on le broyait.

Le sory, ainsi décrit, paraît être un sulfate de cuivre
naturel comme on en trouve aux environs de Cuença, en
Espagne.

Quant au misy, ce serait un mélange de sulfate de cuivre et de sulfate de fer. Ce fait semble être confirmé par ce qu'ailleurs (1) il dit, que le misy était employé pour le traitement des minerais d'or et d'argent.

Les sels de cuivre furent aussi connus des alchimistes. Au xvᵉ siècle, Basile Valentin, dans sa *Révélation des artifices secrets,* parle du mariage de Mars et de Vénus.

Cette opération consistait à dissoudre de la limaille de fer et de cuivre dans l'huile de vitriol. Mars représentait le fer et Vénus le cuivre.

Au xviiᵉ siècle, Buffon, dans son *Histoire naturelle,* parle du vitriol bleu. Buffon dit : « On le trouve dans les mines secondaires où le cuivre est déjà décomposé et dont les terres sont abreuvées d'une eau chargée d'acide vitriolique. » Il explique ainsi l'existence du sulfate de cuivre naturel.

Il indique ensuite un procédé de fabrication : « On commence par jeter sur des morceaux de cuivre du soufre pulvérisé; on les met ensemble dans un four et on les plonge ensuite dans une eau où l'on a fait dissoudre de l'alun : l'acide de l'alun ronge et détruit les morceaux de cuivre; on transvase cette eau dans des baquets de plomb, lorsqu'elle est suffisamment chargée et en la faisant évaporer, on obtient le vitriol qui se forme en beaux cristaux bleus; c'est de cette apparence cristalline ou vitreuse que le nom même de vitriol est dérivé. »

On voit d'ailleurs, que Buffon se perd un peu dans l'expli-

(1) *Hist. nat.,* xxxiii.

cation qu'il donne de la formation du sulfate de cuivre dans cette opération.

Depuis, la chimie est née, qui est venue mettre au point toutes ces connaissances.

Dans les pages qui suivront, nous nous efforcerons de montrer où en est exactement la chimie et l'industrie du sulfate et de l'acétate de cuivre. Nous nous occuperons aussi de leurs usages

Nous diviserons ainsi cette étude :

PREMIÈRE PARTIE. — Le sulfate de cuivre. Propriétés. Fabrication. Usages.

DEUXIÈME PARTIE. — L'acétate de cuivre. Propriétés. Fabrication. Usages.

TROISIÈME PARTIE. — Emploi du sulfate et de l'acétate de cuivre en agriculture.

QUATRIÈME PARTIE. — Procédés de dosage du cuivre de ses sels.

SULFATE ET ACÉTATE

DE CUIVRE

PROPRIÉTÉS, FABRICATION, USAGES

PREMIÈRE PARTIE

LE SULFATE DE CUIVRE

Le sulfate de cuivre répond à la formule

$$SO^4Cu$$

Mais le sulfate de cuivre pur anhydre, n'est pas la forme stable, sous laquelle ce sulfate se présente à nous. Le sulfate de cuivre s'hydrate facilement et, c'est sa combinaison avec cinq molécules d'eau, que l'industrie fabrique. C'est d'ailleurs sur cet hydrate, que portera tout particulièrement notre attention.

Nous diviserons ainsi cette première partie :

Chapitre premier. — Le sulfate de cuivre anhydre.

Chapitre deuxième. — Les hydrates du sulfate de cuivre à une, deux, trois, six et sept molécules d'eau.

CHAPITRE PREMIER

LE SULFATE DE CUIVRE ANHYDRE

PRÉPARATION. — On peut obtenir le sulfate de cuivre anhydre de plusieurs façons :

1° En chauffant à 230° du sulfate cristallisé à cinq molécules d'eau.

2° En chauffant avec de l'acide sulfurique du sulfate de cuivre ne contenant qu'une molécule d'eau.

3° En faisant dissoudre le cuivre dans l'acide sulfurique concentré, en décantant et laissant refroidir. Le sulfate de cuivre se dépose en cristaux blancs.

CRISTALLISATION. — Le sulfate de cuivre anhydre cristallise en prismes orthorombiques. Pour obtenir le sulfate de cuivre anhydre à l'état cristallin on peut opérer ainsi qu'il suit (1) :

Dans un petit creuset de porcelaine, on verse d'abord une couche de sulfate d'ammoniaque, puis un mélange de ce dernier avec le tiers ou le quart de son poids de sulfate de cuivre, et l'on dépose le couvercle. Le bord supérieur du creuset est légèrement échancré sur un ou deux points de sa circonférence pour permettre aux vapeurs de s'échapper

(1) KLOBB, *C. R.*, 1802, 7, 384.

plus facilement. Enfin, le creuset est plongé dans du sable dont on a garni un creuset de Hesse ordinaire et le tout est chauffé au four à réverbère. Dès que le sel ammoniac est entièrement volatilisé on retire le petit creuset. Quand l'opération est bien conduite le résidu est entièrement cristallin; mais si l'on chauffe trop longtemps, le sulfate se décompose lui-même en laissant un résidu d'oxyde. Le sulfate de cuivre anhydre se présente ainsi sous la forme d'une poudre cristalline gris pâle, constituée par de fines aiguilles prismatiques.

DENSITÉ. — La densité du sulfate de cuivre anhydre est 3,57 d'après Karsten. D'après Filhol elle est 3,53.

HYDRATATION. — Le sulfate de cuivre anhydre est très avide d'eau. A l'air humide, il se transforme rapidement en hydrate à cinq molécules d'eau. Humecté avec quelques gouttes d'eau, il se délite en devenant bleu; la chaleur dégagée est assez grande pour porter l'eau à l'ébullition. Son hydratation peut élever sa température jusqu'à 135° (1).

D'après Thomsen, la chaleur moléculaire d'hydratation est de 18550 calories.

$$Cu, SO^4 + 5H^2O = Cu SO^4 5H^2O + 18550^c$$

D'après le même auteur la chaleur moléculaire de dissolution du sulfate de cuivre anhydre est de + 15800 calories (2).

ACTION DE QUELQUES DISSOLVANTS. — Le sulfate de cuivre anhydre est un peu soluble dans l'alcool méthylique (3).

(1) GRAHAM, ph. Mag., 6, 410.
(2) THOMSEN, Termochem. Unters, 3, 320.
(3) KLEPL, J. prakl. Chemie (2), 25, 520, 1882.

M. de Forcrand (1) a constaté que le sulfate de cuivre anhydre, et l'alcool méthylique pur et deshydraté réagissent à froid avec formation soit dans la masse du sulfate de cuivre, soit dans la liqueur, d'une coloration verte, due a une combinaison des deux corps. Cette combinaison serait un peu soluble dans l'alcool méthylique.

De cette étude il ressort que ce composé a pour formule :

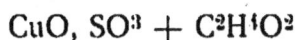

$$CuO, SO^3 + C^2H^4O^2$$

La chaleur de formation de ce composé est

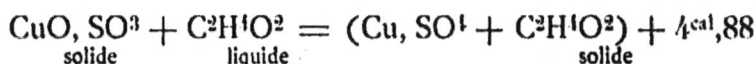

$$\underset{\text{solide}}{CuO, SO^3} + \underset{\text{liquide}}{C^2H^4O^2} = \underset{\text{solide}}{(Cu, SO^4 + C^2H^4O^2)} + 4^{cal},88$$

Le sulfate de cuivre anhydre n'est pas soluble dans l'alcool éthylique. Dans l'alcool contenant des traces d'eau il bleuit visiblement par hydratation; aussi a-t-il été proposé pour préparer l'alcool absolu.

La glycérine dissout le sulfate de cuivre anhydre avec une coloration vert émeraude (2).

CHALEUR DE FORMATION. — La chaleur de formation du sulfate de cuivre anhydre est à partir de ses éléments :

$$S + O^4 + Cu = \underset{\text{solide}}{SO^4Cu} + 181700 \text{ calories.}$$

A partir de l'oxyde de cuivre et de l'anhydride sulfurique elle est :

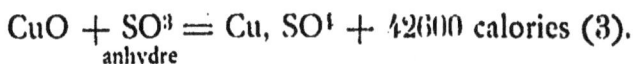

$$CuO + \underset{\text{anhydre}}{SO^3} = Cu, SO^4 + 42600 \text{ calories (3).}$$

D'après Thomsen, elle est : 42170 calories (4).

(1) M. DE FORCRAND. *C. R.*, 102, 551.
(2) GUTHRIE, *Ph. Magi.* (5), 6, 105, 1878.
(3) BERTHELOT, *C. R.*, 77, 24, 1873.
(4) THOMSEN, *Thermochemie Unters*, 3, 320.

ACTION DE LA CHALEUR. — Chauffé au rouge sombre le sulfate de cuivre anhydre perd de l'anhydride sulfurique et laisse le sulfate basique :

$$Cu\ SO^4,\ CuO.$$

Au rouge vif il se décompose entièrement en donnant de l'O, du SO^2, et de l'anhydride sulfurique; il reste un résidu d'oxyde (1).

ACTION DES RÉDUCTEURS. — Le charbon réduit le sulfate de cuivre au rouge sombre avec formation de CO^2 et d'anhydride sulfureux en volumes égaux.

$$CuO\ SO^3 + C = Cu + SO^2 + CO^2$$

A une température plus élevée, le dégagement gazeux est tumultueux et le CO^2 prédomine dans le mélange; le résidu contient du sulfure de cuivre. Ce fait tient à ce que l'anhydride sulfureux, en présence du charbon et du cuivre métallique fortement chauffés, se décompose par suite de la double affinité du soufre pour le cuivre et de l'oxygène pour le carbone (Gay-Lussac.)

L'hydrogène réduit le sulfate de cuivre au rouge (2).

L'oxyde de carbone le réduit également, il reste un résidu formé de cuivre métallique (3).

L'hypophosphite de soude le réduit en donnant du cuivre qui serait doué d'une action catalytique remarquable (4).

La trichlorure de titane le décompose en oxyde cuivreux et même en cuivre (5).

(1) GAY-LUSSAC, J. prakt. Chem. 11. 69, 1837.
(2) ARFEDSON, An. ph. chem. Pogg., 1, 74, 1824.
(3) STAMMER, An. ph. chem. Pogg., 82, 136, 1851.
(4) C. R., t. 148, p. 415 ; C. R., 15, 2, 1909.
(5) KNECHT, Ber. chem. Gesel, 36, 166, 1903.

Si on chauffe du sulfate de cuivre et du soufre rigoureusement secs dans un creuset en porcelaine, ou bien si l'on
fait passer des vapeurs de soufre sur le sulfate de cuivre
chauffé dans un tube de verre peu fusible, le sulfate est
transformé en sulfure; mais la réaction se fait difficilement
(Bruckner).

ACTION DE L'ACIDE CHLORHYDRIQUE. — Le sulfate de cuivre anhydre absorbe avidement le gaz chlorhydrique en
s'échauffant considérablement. La masse brune, ainsi formée,
dégage de l'acide chlorhydrique quand on la chauffe. Cette
masse reprise par l'eau, donne du chlorure cuivrique et de
l'acide sulfurique (1).

ACTION DE L'ACIDE AZOTIQUE. — Debassyus de Richemont
avait constaté la coloration en bleu violet de la solution de
sulfate de cuivre additionnée d'acide sulfurique (2). Cette
coloration avait été attribuée par Jacquelain (3) à la formation d'un sel ferreux. Cette réaction a été étudiée de plus près
par M. Sabatier (4). Il a constaté qu'après le passage, pendant quelques minutes, de l'oxyde azotique dans la solution
sulfurique de sulfate de cuivre, la coloration est déjà très
perceptible et elle continue à s'accroître très régulièrement.
Cette coloration serait due à la production de nitrosodisulfonate représentée par la formule :

$$AzO + SO^4Cu + 3SO^4H^2 = AzO(SO^3)^2 Cu + 2(AzO^2SO^3H) + 2H^2O$$

La liqueur bleue obtenue contient beaucoup d'acide nitro-

(1) KANE, *Ph. Mag.*, 8, 353, 1836.
(2) DESBASSYUS, *J. Méd.*, 11, 505, 1835.
(3) JACQUELAIN, *C. R.* 14, 643, 1842.
(4) SABATIER, *Bul. soc. chim.* (3), 17, 700, 1897.

sulfurique; traitée par l'oxyde cuivreux, elle donne une formation nouvelle très intense de nitrosodisulfonate bleu foncé. Elle se décolore peu à peu en dégageant du gaz sulfureux et l'oxyde azotique.

ACTION DU GAZ AMMONIAC. — Le sulfate de cuivre chauffé dans le gaz ammoniac l'absorbe. Au-dessus de 200° il fond et devient noir. A 400° il se détruit avec incandescence en laissant du cuivre (1).

---

(1) HODGKINSON ET FRENCH, *Chem.*, N. 60,223.

CHAPITRE II

LES HYDRATES DU SULFATE DE CUIVRE
A 1, 2, 3, 6 ET 7 MOLÉCULES D'EAU

HYDRATE A UNE MOLÉCULE D'EAU (1).

$$CuSO^4, H^2O$$

PRÉPARATION. — 1° On l'obtient par deshydratation du sulfate de cuivre à cinq molécules d'eau, en le chauffant à 100°; ou bien en présence d'acide sulfurique dans le vide à la température ordinaire (2).

2° L'hydrate à cinq molécules d'eau, bouilli avec de l'alcool absolu, finit par fournir l'hydrate à une seule molécule d'eau (3).

Cet hydrate a l'aspect d'une poudre blanc verdâtre. Il se déshydrate à 221° en devenant blanc (4).

Sa chaleur de dissolution est + 9340 calories.

HYDRATE A DEUX MOLÉCULES D'EAU. — D'après Graham cet hydrate se formerait quand on laisse pendant une semaine

(1) MOISSAN, *Chimie minérale*, t. 5.
(2) LESCŒUR, *C. R.* 102, 1466, 1886.
(3) CROSS, *Chem. N.*, 44, 209, 1881.
(4) GRAHAM, *Ph. Mag.*, 6, 419, 1835.

du sulfate de cuivre à 5H²O s'effleurir dans le vide sec, vers 20°. Sa chaleur de dissolution serait d'après Thomsen (1) + 6090 calories.

Mais d'après l'étude des tensions d'efflorescence du sulfate de cuivre ordinaire cet hydrate n'existerait pas (Voir au chapitre suivant) (2).

HYDRATE A TROIS MOLÉCULES D'EAU.

SO⁴Cu, 3H²O

Cet hydrate se forme pratiquement, quand on abandonne les cristaux de sulfate de cuivre ordinaire à la température de 25 à 30°, dans l'air sec (3).

Obtenu de cette façon, c'est une poudre bleuâtre, amorphe, qui possède à la température ordinaire une tension d'efflorescence extrêmement faible. A 30°, elle est de 5^{mm}. (Voir le chapitre suivant) (4).

On peut obtenir cet hydrate à l'état cristallisé :

1° En faisant cristalliser du sulfate ordinaire à 5H²O dans de l'acide sulfurique étendu (5).

2° En évaporant en vase scellé à la température de 108-110° une solution de sulfate cuivrique ordinaire saturée à l'ébullition (6).

On obtient ainsi des cristaux d'un bleu pâle, clinorhombiques (7). Ces cristaux se délitent rapidement à l'air humide.

(1) THOMSEN, *J. prakl. chem.* (2), 18, 1, 1878.

(2) LESCŒUR, *B. soc. chim.*, (2), 46, 285, 1886.

(3) MAGNIER DE LA SOURCE, *C. R.*, 83, 800, 1876.

(4) LESCŒUR, *C. R.*, 102, 1466, 1886.

(5) SCACCHI, *Rend. d. Ac. de soc. Napoli*, 1870.

(6) ETARD, *C. R.*, 104, 1615, 1887.

(7) RAMMELSBERG, *Handb., kryst. ph. chem.*, 1, 429.

Sa chaleur de dissolution dans l'eau est de $+ 2840$ calories (1).

HYDRATE A SIX MOLÉCULES D'EAU.

$$SO^4Cu, 6H^2O \ (2).$$

On obtiendrait ainsi cet hydrate :

Dans une solution sursaturée de sulfate cuivrique acidulée de quelques gouttes d'acide sulfurique, on touche la surface refroidie, avec une baguette frottée sur du sulfate de Nickel ordinaire, quadratique, à 6 molécules d'eau. On voit alors se déposer des pyramides ou octaèdres tronqués isomorphes du sel de Nickel. Ces cristaux deviennent rapidement opaques en revenant à l'état d'hydrate ordinaire à cinq molécules d'eau.

HYDRATE A SEPT MOLÉCULES D'EAU.

$$SO^4Cu, 7H^2O \ (3).$$

On l'obtient d'une façon analogue à la préparation du précédent hydrate. Mais on opère au contact d'un cristal clinorhombique de sulfate ferreux à 7H²O. On obtient cet hydrate en cristaux extrêmement instables.

---

(1) THOMSEN, *J. prakt. chem.* (2), 18, 1, 1878.
(2) LE COQ DE BOISBAUDRAN, *C. R.*, 65, 1249, 1867.
(3) LE COQ DE BOISBAUDRAN, *C. R.*, 65, 1249, 1867.

CHAPITRE III

PROPRIÉTÉS PHYSIQUES ET CHIMIQUES DU SULFATE A 5H²O

CRISTALLISATION. — Le sulfate de cuivre à cinq molécules d'eau se présente à nous en cristaux d'un beau bleu, constitués par des parallélipipèdes du système triclinique. Cette forme est isomorphe du sulfate manganeux à cinq molécules d'eau.

EFFLORESCENCE. — Les cristaux de sulfate de cuivre ordinaire s'efflorissent dans les conditions ordinaires de température et d'humidité de l'atmosphère. Suivant les expériences de Baubigny et Péchard (1), la marche de l'efflorescence se trouve modifiée pour le sulfate de cuivre, suivant qu'il cristallise dans un milieu neutre ou dans un milieu acide.

Les auteurs ont ainsi opéré : Une solution de sulfate à cinq molécules d'eau est divisée en deux parties égales qu'on évapore dans le vide sec. A l'une d'elles on ajoute un peu d'acide sulfurique anhydre. On recueille alors les cristaux provenant des deux solutions. On les essore et on les place dans deux nacelles, de telle sorte que leurs surfaces soient sensiblement égales.

Dans l'expérience faite par Baubigny et Péchard, les deux

(1) *C. R.*, 115, 171, 1892.

nacelles contenant l'une 7 gr. 309 de sulfate de cuivre neutre et l'autre 8 gr. 007 de sulfate de cuivre acide, sont placées
sous une même cloche au-dessus de l'acide sulfurique.

De temps en temps, on les retire pour en déterminer la
perte de poids.

Dans le tableau suivant, les résulats de l'expérience sont
résumés :

TEMPS	SEL NEUTRE		SEL ACIDE	
EN HEURES	PERTE TOTALE pour 100 gr.	PERTES SUCCESSIVES	PERTE TOTALE	PERTES SUCCESSIVES
2	0,013	»	0,043	»
17	0,013	0	0,768	0,725
40	0,013	0	3,112	2,344
65	0,013	0	4,875	1,763
113	0,047	0,034	»	»
185	0,116	0,069	»	»

Ce tableau montre nettement que le sel acide s'effleurit
beaucoup plus rapidement que le sel neutre. Ce dernier
commence à peine à s'effleurir quand le sel acide est déjà
complètement blanc. De ceci, il résulte que, lorsqu'on voudra
obtenir du sulfate de cuivre à cinq molécules d'eau bien
stable, il faudra le faire cristalliser en milieu rigoureusement neutre.

DISSOCIATION. — Chauffé à 180°, le $SO^4Cu, 5H^2O$ perd
4715 molécules d'eau, le reste n'étant, d'après Latschinoff,
éliminé qu'au-dessus de 200°.

F. Krafft [1] étudiant la perte d'eau, de divers sels hydra-

(1) D., *Ch. G.*, t. XL, pp. 4770, 4772, 7, 12, 1907.

tés, dans le vide cathodique, a constaté, pour le sulfate de cuivre à cinq molécules d'eau, qu'il perdait à froid en présence d'acide sulfurique quatre molécules d'eau et le reste à 250° très facilement en présence de baryte.

L'étude de la dissociation du sulfate de cuivre à cinq molécules d'eau ne mettrait en évidence que trois hydrates du sulfate de cuivre (1).

Voici une série de tableaux montrant, à diverses températures, comment varie avec les progrès de la déshydratation la tension de vapeur de l'eau contenue dans le sulfate de cuivre :

ASPECTS DU SEL.	TENEUR EN EAU	TENSION DE VAPEUR
1° Température de l'expérience : 45°		
Cristaux bleus......	$(Cu,OSO^3 + 5,08\ H^2O)$	58mm de Hg.
Légèrement effleuri.	$(Cu,OSO^3 + 4,85\ H^2O)$	30
Plus effleuri........	$(Cu,OSO^3 + 4,64\ H^2O)$	30
Poudre bleu pâle....	$(Cu,OSO^3 + 3,87\ H^2O)$	30
»	$(Cu,OSO^3 + 2,37\ H^2O)$	18
»	$(Cu,OSO^3 + 1,06\ H^2O)$	15
Poudre blanchâtre...	$(Cu,OSO^3 + 0,98\ H^2H)$	inf. à 1mm
2° Température de l'expérience : 78°		
Sel renfermant.....	$(Cu,OSO^3 + 5,06\ H^2O)$	304mm de Hg.
»	$(Cu,OSO^3 + 4,13\ H^2O)$	233,5
»	$(Cu,OSO^3 + 3,71\ H^2O)$	238
»	$(Cu,OSO^3 + 3,41\ H^2O)$	233
»	$(Cu,OSO^3 + 2,61\ H^2O)$	142
»	$(Cu,OSO^3 + 2,10\ H^2O)$	145
»	$(Cu,OSO^3 + 1,79\ H^2O)$	148
»	$(CuO.SO^3 + H^2O)$	inf. à 10mm
3° Température de l'expérience : 220°		
Sel renfermant.....	$(CuO,SO^3 + 0,98\ H^2O)$	tension 666mm
»	$(CuO,SO^3 + 0,45\ H^2O)$	603

(1) Lescœur, C. R., 102, 1466, 1886.

Ces recherches permettraient donc de caractériser trois hydrates seulement qui seraient :

$$SO^4Cu\ 5H^2O$$
$$SO^4Cu\ 3H^2O$$
$$SO^4Cu\ \ H^2O$$

Ces hydrates de SO^4Cu présentent entre 10° et 219° les tensions de dissociations suivantes :

TEMPÉRATURES	Cu, SO⁴5H²O	Cu, SO⁴3H²O	Cu, SO⁴H²O
10	2,8ᵐᵐ Hg		
15	4		
20 .	6		
25	8,5		
30	12,5	5ᵐᵐ Hg	
35	17	7,5	
40	23	11	
60	72	45	
80	263	168	
100	688	525	
163			11ᵐᵐHg
186°5			44
206			143
220			666

M. Lescœur a constaté que l'hydrate cristallisé émet avec la plus grande difficulté l'eau qu'il renferme, même l'eau d'interposition et la résorbe de même.

Ce phénomène semble en rapport avec la dureté des cristaux. Mais ces cristaux pulvérisés se dissocient mieux et ceci

semble en rapport avec la plus grande surface que le sel présente ainsi.

ACTION DE LA PRESSION SUR LE SULFATE DE CUIVRE A
$5H^2O$ (1). — Le SO^4Cu, $5H^2O$, bleu foncé quand il est en
gros cristaux, est presque blanc en poudre fine. On peut
donc supposer qu'il existe, entre la coloration et le degré de
liaison de la poudre, une certaine relation. Or, il a été constaté que, sous une pression de 3000 atmosphères la masse
devient bleue sur les bords. A 4000 atmosphères, elle est
bleue partout mais plus pâle cependant qu'un cristal. Enfin
à 6000 atmosphères, la couleur bleue est entièrement
reparue et le bloc obtenu est transparent et plus dur qu'un
cristal. Ainsi, sous l'influence de la pression, le sulfate de
cuivre à cinq molécules d'eau est capable de retrouver toute
sa cohésion cristalline.

De plus l'auteur de ces expériences a constaté que le
SO^4Cu, $5H^2O$ quoique solide, avait réagi avec le fer du
compresseur; le cylindre était couvert intérieurement d'une
légère pellicule de cuivre métallique.

SOLUBILITÉ. — Le vitriol bleu se dissout dans trois parties
d'eau froide, dans une demi-partie d'eau bouillante. A 15°
un litre d'eau peut dissoudre $204^{gr}94$ de sel cristallisé et la
solution a une densité de 1.1859 (2).

Le SO^4Cu, $5 H^2O$ se dissout dans l'eau avec absorbsion
de chaleur.

La chaleur de dissolution est : — 2548 cal. d'après Favre
et Walson (3).

(1) W. SPRING, An. ch. ph.
(2) MICHEL ET KRAFT, An. ch. ph. (3), 41, 471, 1854.
(3) C. R., 77, 802, 1873.

D'après Thomsen elle est : — 2750 calories.

La dissolution du sulfate de cuivre dans l'eau serait accompagnée de contraction.

MM. Favre et Walson (1) ont constaté que D, la densité à l'état solide et anhydre, étant 3,707, le volume de l'équivalent de SO^{4}Cu est $V = \dfrac{P}{D} = 21,6$. Si on fait dissoudre un équivalent de sulfate de cuivre dans un litre d'eau, la densité de la solution devient d = 1,0776 et l'augmentation de volume constatée est v = 2,3. Ainsi la différence $V - v = 19,3$. Cette différence est positive; il y a donc contraction.

La solubilité du SO^{4}Cu, 5H^{2}O a été étudiée par Poggiale (2) et par Etard. D'après Etard, la solubilité, c'est-à-dire la dose de sel anhydre, contenue dans cent parties de la dissolution, est définie par trois droites. Etard opérait sur un sel aussi neutre que possible; pour cela il calcinait légèrement du SO^{4}Cu, 5H^{2}O au moufle et reprenait la substance par de l'eau.

La solubilité du sulfate ainsi obtenu peut être représentée par une ligne brisée, constituée de trois droites.

1° Jusqu'à 55°, on a une droite qui répond à l'équation
$$y = 11,6 + 0,2514\, t$$

2° De 55°, à 105° elle est définie par l'équation :
$$y = 26,5 + 0,370\, t$$

3° de 105° à 190°, la solubilité correspond à l'équation :
$$y = 45 - 0,0293\, t$$

De 55° à 105°, Etard n'a isolé aucun hydrate particulier,

(1) C. R., 77, 802, 1873.
(2) POGGIALE, An. ch. ph. (3), 8, 403, 1843.

expliquant la légère augmentation du coefficient angulaire;
mais cependant il a observé certaines pertubations dans les
conditions d'équilibre de la solution, car il se dépose entre
ces limites de température une petite quantité d'un sel
insoluble basique et il y a mise en liberté d'acide.

Etard a analysé ce sel qui a l'aspect d'une poudre cristalline homogène, de couleur verte et dont la composition
serait :

$$3SO^4Cu, 4CuO, 12H^2O$$

Ainsi la solubilité du sulfate de cuivre de — 2° à + 105°
est donc représentée par deux droites se racordant à 55°, et
entre 105° et 190° la solubilité décroît proportionnellement
à l'augmentation de température. Ce nouvel état d'équilibre
est en relation avec la formation de l'hydrate $SO^4Cu\ 3H^2O$.

La solubilité du sulfate de cuivre peut être affectée par la
présence d'autres corps dissous.

Influence de l'acide sulfurique (1). — Engel a fait des expériences à ce sujet dont le tableau ci-dessous donne le
résumé.

DENSITÉ	ACIDE	SULFATE	EAU A	EAU S	SOMME
1,1435	0	18,6	0	10	10
1,1433	4,14	17,9	0,44	9,62	10,06
1,1577	14,6	19,6	1,57	8,38	9,95
1,1697	31	12,4	3,34	6,76	10,1
1,1952	54,2	8,06	5,85	4,33	10,18
1,2143	56,25	7,75	6,07	4,16	10,23
1,2243	71,8	5	7,76	2,68	10,44

(1) ENGEL, *C. R.*, 102, 113, 1886.

La deuxième et la troisième colonne donnent le nombre d'équivalents d'acide et de sel en solution dans 10 grammes d'eau.

La quatrième renferme les quantités d'eau fixées par l'acide sulfurique, un équivalent d'acide fixant douze équivalents d'eau.

Dans la cinquième, on a calculé le poids d'eau nécessaire, pour dissoudre la quantité de sulfate inscrite dans la troisième colonne.

Enfin dans la sixième, se trouve la somme de l'eau fixée par l'acide et de l'eau nécessaire pour dissoudre le sel.

Ce tableau montre bien que l'acide sulfurique paraît enlever à 12 équivalents d'eau la propriété d'agir comme dissolvant sur le sulfate de cuivre. L'hydrate $SO^4H^2 + 12H^2O$ ne se révèle pourtant par aucune autre propriété spéciale.

Influence du sulfate ammonique — D'après Engel (1) les quantités de sulfate ammonique contenues dans la solution variant suivant une progression géométrique croissante, les quantités de sulfate de cuivre dissoutes varient suivant une progression géométrique décroissante.

La courbe du phénomène peut donc être représentée par une équation de la forme

$$m \log. y = \log. k - \log. x$$

y est la quantité de sulfate de cuivre.

x est la quantité de sulfate ammonique.

m et k sont des constantes.

Solubilité dans d'autres dissolvants. — Le sulfate de cuivre à cinq molécules d'eau est très peu soluble dans l'alcool méthylique de même que dans l'alcool éthylique.

(1) ENGEL, *C. R.*, 102, 113.

ACTION DE L'ACIDE CHLORHYDRIQUE. — Le $SO^4Cu, 5H^2O$ se dissout dans l'acide chlorhydrique concentré avec un abaissement de température qui peut atteindre 17° et cette solution évaporée abandonne des cristaux de chlorure cuivrique et elle contient de l'acide sulfurique libre. Le vitriol bleu, pulvérisé, absorbe le gaz chlorhydrique avec dégagement de chaleur, en donnant une masse déliquescente verte qui brunit quand on la chauffe (1).

D'après Latschinoff, il se formerait à froid un composé intermédiaire.

$$SO^4Cu, 2H^2O\ 2HCL$$

ACTION DU GAZ AMMONIAC. — Le gaz ammoniac enlève toute l'eau au vitriol bleu et donne le sulfate ammoniacal anhydre

$$Cu\ SO^4, 5NH^3$$

ACTION DU SEL MARIN. — Le sulfate à $5H^2O$, broyé avec du sel marin, fournit une masse d'un vert pomme, d'où l'alcool emporte du chlorure cuivrique (2).

ACTION DU GLYCOL. — Avec le glycol on obtient un composé dont la formule est :

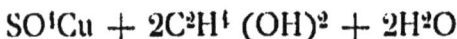

$$SO^4Cu + 2C^2H^4\ (OH)^2 + 2H^2O$$

Ce composé cristallise en aiguilles bleu clair. Il fond en un liquide bleu clair qui, chauffé plus fortement donne de l'oxyde de cuivre Cu^2O.

ACTION DE LA GLYCÉRINE (3). — La glycérine donne avec le vitriol bleu des sels contenant trois molécules de glycérine. Ces glycérinates sont plus stables que les combinai-

(1) KANE, An. ph. ch. (2), 72. 277, 1830.
(2) BOUSSINGAULT, An. ch. ph. (2), 51, 350, 1832.
(3) AD. GRUN ET BOCKISCH, Bul. soc. ch., 1902, 1077.

sons avec le glycol et sont en partie précipités de leur solution aqueuse par l'alcool sans décomposition.

On a obtenu le composé suivant :

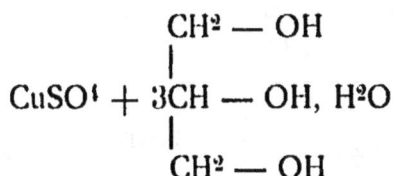

$$CuSO^4 + 3 \begin{array}{c} CH^2 - OH \\ | \\ CH - OH \\ | \\ CH^2 - OH \end{array}, H^2O$$

C'est une masse bleue, soluble dans l'eau froide avec formation de sel basique. Ce composé est également soluble dans l'ammoniaque, mais il est insoluble dans l'éther.

Propriétés de la solution de SO^4Cu $5H^2O$.

La solution aqueuse de sulfate de cuivre possède la coloration bleue de la plus part des sels cuivriques dilués. Le spectre d'absorbsion de cette solution est indépendant de la concentration.

Densité (1). — Un grand nombre d'auteurs ont évalué les densités des solutions pour diverses concentrations :

Densité (2) des solutions de sulfate de cuivre à 15°.

S⁴OCu + 5H²O pour 100 en poids	DENSITÉS	SO⁴Cu + 5H²O pour 100 en poids	DENSITÉS
2	1,0126	14	1,0923
4	1,0254	16	1,1063
6	1,0384	18	1,1208
8	1,0516	20	1,1354
10	1,0649	22	1,1501
12	1,0785	24	1,1659

(1) Michel et Kraft, *An. ch. ph.*, 3, 41, 474, 1854. Favre et Walson, *C. R.*, 70, 1008 et 1030, 1874.

(2) Gerlach, *Formulaire de l'électricien*, p. 140, 1880.

3

RÉSISTANCE DES SOLUTIONS DE SO^4Cu $5H^2O$.

La résistance électrique des dissolutions a été mesurée par de nombreux auteurs (1).

RÉSISTANCE SPÉCIFIQUE des solutions de SO^4Cu, $5H^2O$
à 10° c. (2).

DENSITÉ	RÉSISTANCE SPÉCIFIQUE	DENSITÉ	RÉSISTANCE SPÉCIFIQUE
1,0167	164,4	1,1386	35,0
1,0216	134,8	1,1432	34,1
1,0318	98,7	1,1679	31,7
1,0622	59,0	1,1823	30,6
1,0858	47,3	1,2051 (saturée)	29,3
1,1174	38,1		

CONDUCTIVITÉ équivalente à 18° de solutions contenant une demi-molécule de SO^4Cu (3).

V. VOLUME EN LITRES de la solution	CONDUCTIVITÉ ÉQUIVALENTE	V. LITRES	CONDUCT.	V. LITRES	CONDUCT.
0,5	20,1	10	45	200	81,5
1	25,8	20	51,4	500	93,4
2	30,8	33,3	57,4	1000	101,6
3,33	35,5	50	63,0	2000	106,8
5	39,2	100	72,2	5000	111,1
				10000	113,8

(1) BECKER, *An. ch. ph.*, 78, 1. FAVRE, *C. R.*, 1186, 1821.

(2) EWING et MAC-GRÉGOR. *Formul. de l'Elect.*, 150, 1883.

(3) TH. MULLER, *Lois fondamentales de l'électrochimie*.

THERMOÉLECTRICITÉ ET ÉLECTROLYSE. — De nombreux travaux ont été faits à ce sujet. Bouty (1) a mesuré les forces électromotrices au contact du cuivre et d'une solution de sulfate de cuivre. Il a constaté que dans ce cas, la force électromotrice thermoélectrique est rigoureusement proportionnelle à la différence de température entre la lame solide et la lame liquide. D'ailleurs cette force électromotrice ne varie pas sensiblement avec le degré de dilution de la solution. La valeur moyenne de cette force électromotrice pour une différence de température de 1° est de $0^{Da},0000688$. Cette force est exprimée comparativement à un élément Daniel.

Quand, dans une solution de sulfate de cuivre, on plonge deux électrodes et que l'on établit entre les deux électrodes une différence de potentiel supérieure à la tension de décharge des ions cuivre, il se produit un phénomène de dissociation, on dit qu'il y a électrolyse.

Sous l'action du courant, les ions SO^4 et Cu, qui se trouvent dans la solution, vont se décharger sur les électrodes. Le cuivre se porte à l'électrode négative sur laquelle il se dépose. Le radical SO^4 se porte à l'électrode positive : si celle-ci est en platine le radical SO^4 décompose l'eau, il y a formation d'acide sulfurique et dégagement d'oxygène; si l'anode est en cuivre, celui-ci est attaqué, il se forme du sulfate de cuivre et l'action du courant provoque un transport du cuivre, de l'anode à la cathode.

Ce transport du cuivre est conforme à la loi de Gay-Lussac : 96600 coulombs libèrent une valence.

Cependant si l'on opère dans certaines conditions, il y a formation d'ions complexes.

C'est ainsi que d'après A. Chassy (2), si l'on électrolyse

(1) Bouty, C. R., 90, 917, 1880.
(2) A. Chassy, C. R., 110, 271.

une solution chaude de sulfate de cuivre, il se forme dans un grand nombre de cas un dépôt rouge violacé remarquable.

A 100°, par exemple, avec une densité de courant de $\frac{1}{100}$ d'ampère par Cm², on obtient sur une électrode en platine, un dépôt qui, examiné au microscope, présente de beaux cristaux dont les formes dérivent du cube et de l'octaèdre. Plus la température s'abaisse, plus la proportion de cuivre métallique croit.

En analysant ce dépôt par la méthode de Riche, on trouve qu'il représente exactement du sous oxyde rouge de cuivre. Ainsi les cristaux considérés sont des cristaux de cuprite artificielle.

D'après Foerster et Seidel (1), ce phénomène serait dû à la réduction à la cathode, donnant naissance à du sulfate cuivreux : ce sel pourait avoir une certaine stabilité en liqueur acide, en présence de sulfate de cuivre, mais en liqueur neutre il se dédoublerait avec dépôt de Cu^2O.

Les auteurs ont fait à ce sujet une série d'expériences. A 100° et à l'abri de l'air, dans une atmosphère d'H, avec des solutions de sulfate de cuivre à divers degrés de dilution et d'acidité, traversées par des courants de 0,09 à 1,22 ampères par Cm² de cathode, il se dépose surtout Cu^2O si la solution est neutre ou faiblement acide. Il ne se dépose que du cuivre si elle est fortement acide. Dans certaines conditions de concentration, d'acidité et d'intensité de courant, il ne se produit plus de dépôt. Ce dernier cas correspondrait au maximum de stabilité du sulfate cuivreux. L'existence de ce sel serait démontrée par le dépôt de cuivre pur que la solution fournit quand on la laisse refroidir. Ce dépôt est analogue à celui que l'on obtient en dissolvant à chaud du Cu^2O

(1) Foerster et Seidel, *Bul. soc. chim.*, 18, 091.

dans une solution acide de sulfate de cuivre et laissant refroidir la solution filtrée.

L'électrolyse du sulfate de cuivre peut être modifiée plus ou moins favorablement par la présence dans la solution de certains acides ou sels.

En présence d'acide sulfurique, la vitesse de précipitation électrolytique du cuivre de ses solutions peut s'exprimer par l'équation (1).

$$\frac{dx}{dt} = k\ (a - x)^n$$

dans laquelle dx représente la quantité du cuivre précipité pendant le temps dt. (a — x) est la quantité de cuivre restant en solution, n est un exposant pouvant prendre différentes valeurs.

Pour de grandes concentrations la précipitation du cuivre se fait conformément à la loi de Faraday. Dans ce cas, $n = o$, mais pour des dilutions croissantes, n prend toutes les valeurs comprises entre O et 1.

La valeur de k est très variable. Elle dépend de la vitesse d'agitation; plus celle-ci est grande, plus k a une valeur élevée. k dépend aussi de l'intensité du courant, il est à peu près proportionnel à celle-ci. Il est fonction de la grandeur des électrodes et croît à peu près proportionnellement à la température, quand celle-ci varie entre 20° et 40°.

L'acide azotique retarde la précipitation électrolytique, néanmoins sa présence a une heureuse influence sur la nature du dépôt métallique. On peut, en tout cas, accélérer la précipitation en élevant la température; il ne faut cependant pas dépasser la température de 70°.

(1) Siegrist, *Bul. soc. chim.*, 1002, 28.

Classen et Schelle (1) ont obtenu un dépôt très cohérent de cuivre en opérant l'électrolyse du sulfate de cuivre en solution additionnée d'oxalate d'ammoniaque. Pour accélérer l'opération, on ajoute par petites portions 25 à 30^{cm3} d'une solution saturée à froid d'acide oxalique. On ne doit ajouter cet acide qu'à la fin de l'opération parce qu'il se déposerait de l'oxalate de cuivre. L'électrolyse doit commencer en liqueur neutre et l'acide ne sert qu'à accélérer la fin de l'extraction.

Dans le cas où l'anode est en cuivre on obtient un beau dépôt de cuivre à la cathode en employant un électrolyte ainsi composé (2) ;

Sulfate de cuivre.........	150	grammes
Acide sulfurique.........	50	—
Alcool...................	50	—
Eau....................	1000	—

De même, la présence dans l'électrolyte de nitrate de potassium ou d'ammonium et de quelques cm^3 de NH^3 provoque la formation d'un beau dépôt de cuivre (3) :

En résumé, les conditions affectant l'électrolyse du sulfate de cuivre dépendent d'après Blasdale et Cruess (4) :

1° *De la nature des électrodes.* — D'après ces auteurs, la forme la plus avantageuse pour la précipitation rapide du cuivre, consiste en un cylindre de toile métallique en platine.

(1) *Bul. soc. chim.*, 1, 151, 1880.
(2) Marie, *Manip. électrochim.*
(3) Rudorff, *Bul. soc. chim.*, 2, 60, 1880.
(4) *Bul. soc. chim.*, 1911, 10, 1108.

2° *De l'ampérage*. — Avec l'électrode précédemment décrite le meilleur ampérage est 0ᵃ 75, le cylindre cathode ayant 0ᵐ 03 de diamètre 0ᵐ 055 de haut, en fil de 6/100ᵐᵐ et 41 fils au centimètre.

3° *De la concentration*. — Le temps pendant lequel la vitesse du dépôt est constante semble en proportion directe avec la concentration.

4° *De la nature de l'acide présent*. — L'acide azotique est l'acide le plus avantageux, mais cependant pour une intensité de courant supérieure à 5 ampères, on ne peut l'employer qu'à de grandes dilutions. Par suite de l'élévation de température, il tendrait à redissoudre le cuivre.

5° *De la présence d'autres métaux*. — Plus il y a d'ions ferriques, plus la précipitation du cuivre est retardée s'il n'y a pas de nitrates. S'il y a dans l'électrolyte des nitrates, pour de faibles concentrations de Fe et de NO^3H le phénomène est analogue, mais si l'un des deux se concentre, le dépôt se fait d'abord normalement puis il y a rétrogradation. On peut éviter ce phénomène en ajoutant de l'urée à la solution.

L'arsenic empêche la précipitation du cuivre. On peut neutraliser l'action de 0ᵍʳ 05 d'arsenic en ajoutant 5 grammes de nitrate d'ammoniaque.

Le zinc et l'aluminium ont peu d'action, le plomb doit être précipité avant l'électrolyse.

ACTION D'UN COURANT DE $SO^2 + O$. — Quand dans une liqueur contenant 3, 11 pour 100 de vitriol bleu et maintenue à 100°, on dirige un courant de volumes égaux d'oxygène et de SO^2, la liqueur se charge d'acide sulfurique ; le sel cuivrique sert de support d'oxydation.

RÉACTION ENTRE LE PHOSPHORE JAUNE ET LE SULFATE DE
CUIVRE EN SOLUTION AQUEUSE (1).

Le phosphore jaune, plongé dans une solution aqueuse
de sulfate de cuivre, devient rapidement noir, puis rouge. Le
dépôt rouge est du cuivre réduit. La couche noirâtre est
formée par un phosphure de cuivre. La solution renferme
de l'acide phosphorique et de l'acide sulfurique libre.

Une molécule de phosphore précipite deux molécules de
cuivre et l'oxygène nécessaire pour la formation de l'acide
phosphorique est fourni par l'eau.

ACTION DE PH^3 (2). — Si on fait passer dans une solution
de sulfate de cuivre un courant gazeux de PH^3, on remarque
que, au début, l'absorption est insensible, mais ensuite la
solution verdit. Il se forme un précipité noir et par agitation l'absorption devient rapide. Deux molécules de sulfate de cuivre absorbent ainsi 1 molécule et demie de PH^3.

ACTION DES MÉTAUX, — Le sulfate de cuivre en solution
n'est pour ainsi dire pas attaqué par le plomb. Dès le début
de l'immersion de celui-ci dans la solution, il se recouvre
d'une gaine de sulfate de plomb qui l'isole de la solution.

L'étain donne avec la solution de $SO^4Cu, 5H^2O$ un sulfate acide stanneux et de l'hydrate stanneux, mais celui-ci se
dépose sur l'étain et de ce fait la précipitation du cuivre
s'arrête presque au début.

Le zinc précipite le cuivre de la solution de sulfate de
cuivre avec dégagement d'hydrogène dès le début de la précipitation. Par suite, lorsque la réduction est terminée, le
poids de zinc perdu par la lame immergée, est très supérieur
à celui qui serait calculé d'après la loi de Richter.

(1) STRAUB, Zeit. anorg. ch., t 35, 400, 473, 8, 7, 1903.
(2) JOANNIS, Bul. soc. chim., 21, 750.

Le fer, de toute sorte, attaque rapidement les solutions de sulfate de cuivre à tout degré de concentration en donnant quelques bulles d'hydrogène.

Le magnésium décompose vivement le sulfate de cuivre en solution neutre, avec dégagement d'hydrogène et formation d'hydrate cuivreux, de sulfate basique vert, de sulfate de magnésium et de cuivre métallique. A 0° on n'obtient que l'hydrate cuivreux (1).

L'équation de la réaction (2) serait :

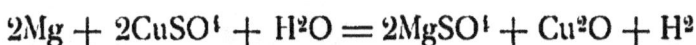

$$2Mg + 2CuSO^4 + H^2O = 2MgSO^4 + Cu^2O + H^2$$

Un alliage de bismuth et aluminium limé sur sa surface décompose une solution de sulfate de cuivre suivant les équations suivantes (3).

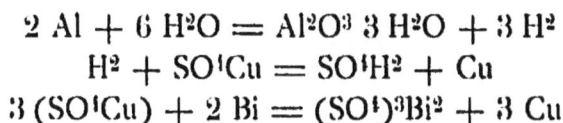

$$2\ Al + 6\ H^2O = Al^2O^3\ 3\ H^2O + 3\ H^2$$
$$H^2 + SO^4Cu = SO^4H^2 + Cu$$
$$3\ (SO^4Cu) + 2\ Bi = (SO^4)^3Bi^2 + 3\ Cu$$

MM. Ramsay et Cameron avaient annoncé qu'ils avaient obtenu la formation de lithium en faisant agir les émanations de radium sur une solution de sulfate de cuivre. Mme Curie (4) reprenant ces travaux mais en ayant soin de n'opérer dans aucun récipient en verre, n'est pas arrivée aux mêmes conclusions. Ainsi le fait de la formation du lithium dans ces conditions ne peut être considéré comme établi.

ACTION DU SULFITE ALCALIN (5). — Dans un ballon on

(1) TOMMASI, *Bul. soc. chim.*, 21, 885.
(2) F. CLOWES, *Bul. soc. chim.*, 22, 405.
(3) PÉCHEUX, *C. R.*, t. 142, p. 575, 5, 3, 1906.
(4) *C. R.*, 1908.
(5) BAUBIGNY, *C. R.*, 1912.

mélange une solution à 2 grammes de SO^4Cu $5H^2O$ et une solution à 12 grammes de sulfite alcalin. Si on chauffe au bain-marie, on obtient un précipité rougeâtre; mais si on ne chauffe pas, quelques heures après il se forme un dépôt de cristaux incolores.

Il se produirait les réactions suivantes :

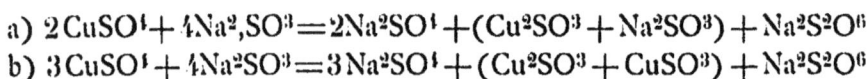

a) $2CuSO^4 + 4Na^2,SO^3 = 2Na^2SO^4 + (Cu^2SO^3 + Na^2SO^3) + Na^2S^2O^6$

b) $3CuSO^4 + 4Na^2SO^3 = 3Na^2SO^4 + (Cu^2SO^3 + CuSO^3) + Na^2S^2O^6$

ACTION DE LA DICYANAMIDE ($NH^2 — CN — CN — NH^2$) (1). — Une solution de sulfate de cuivre, chauffée au bain-marie avec de la dicyanamide en solution aqueuse dépose bientôt un précipité épais, cristallin, bleu clair devenant vert foncé à 125° avec perte d'eau. Ce sel aurait pour formule :

$$SO^4Cu \ 2C^2H^4N^4 4H^2O$$

La liqueur filtrée bleu clair ne dépose plus que des précipités verts de composition mal définie.

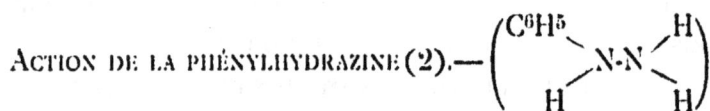

ACTION DE LA PHÉNYLHYDRAZINE (2). —
$$\left(\begin{matrix} C^6H^5 \\ H \end{matrix} \right\rangle N\text{-}N \left\langle \begin{matrix} H \\ H \end{matrix} \right)$$

Quand on verse goutte à goutte une solution de sulfate de cuivre à 1 % dans dix fois son volume d'une solution aqueuse de phénylhydrazine de même concentration, il se forme un précipité blanc rosé très bien cristallisé en aiguilles prismatiques. En même temps, de l'azote se dégage.

(1) GROSMANN ET SCHUCK, *D. ch. Gesl.*, 30 p., 3501, 1900.
(2) MOITESSIER, *Bul. soc. chim.*, 21, 607.

ACTION DE L'HYDROXYLAMINE (1). — En liqueur acide un mélange de sulfate de cuivre et de chlorhydrate d'hydroxylamine porté à l'ébullition donne un précipité de chlorure cuivreux insoluble dans l'acide sulfurique étendu mis en même temps en liberté.

Une solution bleue de sulfate de cuivre en liqueur ammoniacale est décolorée lentement à froid, rapidement à chaud par le sulfate d'hydroxylamine. Cette réduction est accompagnée d'un dégagement gazeux, composé de 68 $^0/_0$ d'azote de 32 $^0/_0$ d'oxyde azoteux.

ACTION DE LA FORMALDOXIME (2). — La formaldoxime libre possède la propriété de donner avec une solution très étendue de sulfate de cuivre et la potasse caustique, une coloration violette très intense. Cette réaction très nette et extrêmement sensible pourrait être utilisée pour déceler la présence de très petites quantités de cuivre.

TOXICITÉ DES SOLUTIONS DE SULFATE DE CUIVRE. — Les solutions de sulfate cuivrique sont des antiseptiques puissants, surtout pour les bacteries. Elles ont moins d'actions sur les moisissures.

L'addition à ces solutions (3) de sulfate d'ammoniaque ou de sulfates alcalins abaisse la toxicité du sulfate de cuivre. Cela tient à ce que la présence de ces sulfates diminue le degré de dissociation du sulfate de cuivre. Ainsi la toxicité du sulfate de cuivre serait due en grande partie à l'action des ions métalliques.

(1) PÉCHARD, C. R., 1003, 501.
(2) A. BACH, C. R., 303, 1000.
(3) M. L. MAILLARD, Bul. soc. chim., 21, 500.

CHAPITRE IV

FABRICATION INDUSTRIELLE DU SULFATE DE CUIVRE

Avant d'entrer dans le détail de la fabrication du sulfate de cuivre, nous étudierons, en raison de son importance au point de vue de cette industrie, l'action de l'acide sulfurique sur le cuivre.

ACTION DE L'ACIDE SULFURIQUE SUR LE CUIVRE (1)

NATURE DE LA RÉACTION. — D'après Sp. Pickering, il n'y aurait entre l'acide sulfurique et le cuivre que deux réactions primaires.

L'une consiste dans la formation du sulfate de cuivre, d'anhydride sulfureux et d'eau conformément à l'équation suivante :

$$1^o \quad Cu + 2 SO^4H^2 = CuSO^4 + SO^2 + 2 H^2O$$

(1) BERZELIUS ET MAUMENÉ, An. ch. ph. III, 3, 22.
    SP. PICKERING, J. of the chem. soc., t. 33, p. 55, 1878.
    —   —   t. 33, p. 57, 1878.
    —   —   t. 33, p. 112, 1878.
    —   Bul. soc. chim.' t. 33, p. 470.

mais on peut considérer que cette réaction se fait en deux
phases. Pendant la première, il se formerait du sulfate de
cuivre et de l'hydrogène naissant :

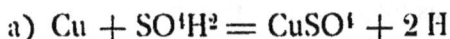

$$a) \; Cu + SO^4H^2 = CuSO^4 + 2\,H$$

Pendant la seconde, l'hydrogène naissant réagirait sur
une portion d'acide sulfurique :

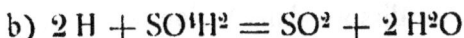

$$b) \; 2\,H + SO^4H^2 = SO^2 + 2\,H^2O$$

L'autre réaction primaire est exprimée par l'équation :

$$2^o \; 5\,Cu + 4\,SO^4H^2 = Cu^2S + 3\,CuSO^4 + 4\,H^2O$$

D'après le même auteur, les autres produits appartenant
au résidu insoluble dans l'eau et dont ces équations ne tiennent pas compte, résultent de la décomposition du sous
sulfure par l'acide sulfurique.

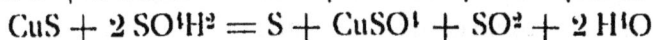

$$Cu^2S + 2\,SO^4H^2 = CuS + CuSO^4 + SO^2 + 2\,H^2O$$
$$CuS + 2\,SO^4H^2 = S + CuSO^4 + SO^2 + 2\,H^4O$$

Contrairement à ce qu'avaient annoncé Berzelius et Maumené, ce résidu ne contiendrait jamais d'oxygène.

Aspect général de la réaction. — L'acide sulfurique
attaque le cuivre déjà vers 20° et l'énergie de l'attaque
augmente rapidement avec la température. Jusque vers 130°,
il ne ne se dégage pas de gaz sauf quelques bulles d'anhydride sulfureux.

Dès que le cuivre commence à être attaqué, sa surface
se ternit et se recouvre d'une pellicule de sous sulfure noir.
Quand on fait croître la température le liquide commence à

bouillir au-dessous de 300°, alors que l'acide sulfurique bout à 327°. Si alors on cesse de chauffer, il se dépose des cristaux blancs de sulfate de cuivre anhydre.

En faisant passer dans l'eau le gaz dégagé, on constate qu'il ne s'est pas formé pendant la réaction de gaz insoluble dans l'eau comme l'oxygène ou l'hydrogène.

Il ne se dégagerait pas non plus d'hydrogène sulfuré; en effet, ces gaz passant dans une solution d'acétate de plomb, ne précipitent pas de sulfure noir de plomb.

Le cuivre noir dissout dans l'acide sulfurique est couvert d'une couche de protosulfure de cuivre qui retient aussi du soufre libre.

INFLUENCE DE LA TEMPÉRATURE. — Les résultats qui se trouvent dans le tableau I, ont été obtenus, dans des conditions de température et de durée d'attaque déterminées, pour une même quantité de cuivre et d'acide sulfurique mis en présence.

En examinant dans ce tableau les expériences 3 à 9, on voit, que la quantité de cuivre dissoute dans des temps égaux croît rapidement avec la température et aussi, que la proportion entre le cuivre converti en sulfure et le cuivre converti en sulfate diminue, lorsque la température augmente, jusqu'à ce que à 270° il ne se forme plus du tout de sulfure. A ce moment seule la réaction :

$$Cu + 2SO^4H^2 = CuSO^4 + SO^2 + 2H^2O .$$

paraît se produire.

Au contraire, à des températures plus basses la réaction ·

$$5Cu + 4SO^4H^2 = Cu^2S + 3SO^4Cu + 4H^2O$$

paraît prédominer.

D'ailleurs, la combinaison de ces deux réactions, dont l'une n'a lieu qu'aux hautes températures et l'autre à de basses températures, explique les résultats obtenus pour les températures intermédiaires.

TABLEAU I montrant l'influence de la température.

TEMPÉRATURE	DURÉE	PROPORTION CENTÉSIMALE du cuivre converti en		COMPOSITION CENTÉSIMALE du résidu insoluble			QUANTITÉ DE CUIVRE dissous pour 100gr de cuivre employé	PROPORTION centésimale de cuivre dissous en une minute
		INSOLUBLE	CuSO⁴	Cu²S	Cu S	S		
1 19° C	14 jours	17,33	83,07	100	0	0	5,7	0,0003
2 60	120'	5,25	94,75	100	0	0	2,532	0,0211
3 80	30'	30,20	69,80	100	0	0	1,503	0,0501
4 100	30'	25	75	100	0	0	3,123	0,1041
5 124	30'	21,53	78,47	100	0	0	22,7	0,76
6 130	30'	17,60	82,40	100	0	0	32,6	1,09
7 137	30'	17	83	100	0	0	35,0	1,17
8 150	30'	13,27	86,73	100	0	0	69,2	2,31
9 170	10'	10,82	89,18	100	0	0	51,02	5,19
10 195	2'	8	98	100	0	0	53,5	26,75
11 220	0,5"	7,16	92,84	100	0	0	70,57	70,57
12 270	quelques secondes	0	100	100	0	0	100	»
13 170	30'	11,53	88,47	0	95,83	4,17	100	»
14 195	30'	7,20	92,80	0	90	10	100	»
15 220	30'	2,136	97,864	0	97	3	100	»

Dans les trois derniers cas, on voit qu'il n'y a pas trace de formation de sous sulfure Cu²S, tandis que l'on trouve du sulfure et du soufre.

Il est probable que le sous sulfure a été attaqué par l'acide sulfurique conformément aux équations suivantes :

$$\text{a) } Cu^2S + SO^4H^2 = CuS + CuSO^4 + 2H$$
$$\text{b) } 2H + SO^4H^2 = 2H^2O + SO^2$$

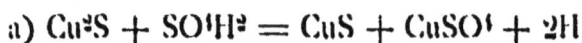

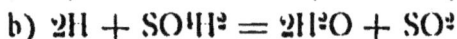

La présence du soufre serait due à la décomposition d'une certaine quantité de sulfure, suivant les réactions ci-dessous :

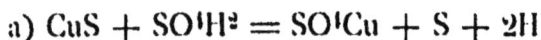

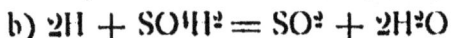

$$\text{a) } CuS + SO^4H^2 = SO^4Cu + S + 2H$$
$$\text{b) } 2H + SO^4H^2 = SO^2 + 2H^2O$$

INFLUENCE DE LA PURETÉ DU MÉTAL. — Dans les expériences faites avec le cuivre du commerce, le résidu insoluble, est un mélange des deux sulfures.

De plus, la quantité de cuivre dissous dans un temps donné est plus grande avec le métal impur qu'avec le cuivre pur.

TABLEAU II montrant l'influence de l'impureté du cuivre.

QUALITÉ DE L'ÉCHANTILLON	TEMPÉRATURE	DURÉE DE L'EXPÉRIENCE	COMPOSITION CENTÉSIMALE du résidu insoluble			PROPORTION DE CUIVRE à l'état de		PROPORTION CENTÉSIMALE de cuivre dissous
			Cu^2S	CuS	S	Cu^2S	$CuSO^4$	
Fil de cuivre pur...	100°C	30'	100	0	0	»	»	2,412
Feuille de cuivre pur.	100°	30'	100	0	0	16,592	83,408	3,123
Feuille de cuivre du commerce	100°	30'	83,3	16,7	0	22,0	78,0	11,5
Tournures de cuivre.	100°	30'	»	»	»	»	»	17,226

ACTION DES ACIDES DILUÉS. — Le tableau III montre l'influence de la dilution de l'acide employé.

En l'examinant on voit que l'action de l'acide décroît rapidement en même temps que sa dilution augmente.

TABLEAU III montrant l'action de l'acide à diverses concentrations.

TEMPÉRA-TURE	DURÉE de L'EXPÉ-RIENCE	ACIDE EMPLOYÉ	DENSITÉ	PROPOR-TION CENTÉSI-MALE du cuivre dissous	PROPORTION entre le cuivre dissous par chacun de ces acides et le cuivre dissous par l'acide de densité 1,843 à la même température pendant le même temps
1 100°C	30'	SO^4H^2	1,843	2,380	1/1
2 100 —	30'	SO^4H^2, H^2O	1,780	0	0/1
3 100—	30'	$SO^4H^2, 2H^2O$	1,620	0	0/1
4 130 —	30'	SO^4H^2	1,843	32 6	1/1
5 130—	30'	SO^4H^2, H^2O	1,780	1,182	0,0363/1
6 130—	30'	$SO^4H^2 2H^2O$	1,620	0	0,1
7 105	30'	SO^4H^2	1,843	70 en 15'	1/1
8 105	30'	SO^4H^2, H^2O	1,780	16,54	0,11/1
9 105	30'	$SO^4H^2, 2H^2O$	1.620	2,744	0,018/1

Tandis que ces expériences ont été faites en présence d'air, Berthelot (1) a étudié l'action de l'acide sulfurique sur le cuivre dans le vide en tube scellé. Il a constaté :

1° Qu'une petite lame de cuivre mince étant mise, dans ces conditions, en contact avec 7 cm³ d'acide sulfurique pendant huit jours à la température ordinaire, il y avait formation d'une quantité notable d'anhydride sulfureux pur ; le cuivre était recouvert d'une couche formée de sulfure de cuivre noir et de sulfate de cuivre blanc.

2° A 100°, les mêmes corps donnent lieu à un dégage-

(1) BERTHELOT, An. ch. ph, 1898.

ment continu de gaz sulfureux, toujours accompagné par une formation de sulfure de cuivre.

3° L'acide sulfurique étendu de 40 volumes d'eau, laissé au contact du cuivre pendant huit jours dans le vide, ne donne lieu à aucune attaque. Il en serait autrement, s'il y avait de l'air ou de l'oxygène dans le tube.

A 100°, il n'y a pas, non plus, d'action.

INDUSTRIE DU SULFATE DE CUIVRE

Comme nous venons de le voir, quand on fait agir directement l'acide sulfurique sur le cuivre, il y a perte d'une partie du soufre sous forme d'anhydride sulfureux. C'est pour éviter cette perte que l'on a imaginé un grand nombre de procédés de fabrication du sulfate de cuivre qui peuvent être groupés sous les cinq rubriques suivantes.

1° Action de l'acide sulfurique ou du mélange $SO_2 + O$ sur du cuivre plus ou moins oxydé et sur les résidus de grillage des pyrites.

2° Action de l'acide sulfurique étendu sur le sulfure de cuivre.

3° Action de l'acide sulfurique sur le cuivre en présence d'acide azotique, ou sur du nitrate de Cu.

4° Préparation électrolytique du sulfate de cuivre.

5° Affinage des métaux précieux.

Fabrication du sulfate de cuivre par action de l'acide sulfurique ou du mélange $SO_2 + O$ sur du cuivre plus ou moins oxydé.

PROCÉDÉ DE SALINDRE. — L'usine emploie du cuivre provenant du Japon, sous forme de pains pouvant peser dix à douze kilos.

C'est probablement parce que ce cuivre renferme de petites quantités d'argent, qui est séparé dans la fabrication du sulfate de cuivre, qu'il est préféré au cuivre produit en France.

Fabrication de la grenaille de cuivre. — Les pains de cuivre sont fondus dans des fours à réverbère au milieu d'une atmosphère réductrice. De temps en temps, on jette dans le four une pelletée de soufre, qui transforme une partie du cuivre en sulfure. Quand le cuivre est fondu, on le fait arriver par un petit canal en bois au-dessus d'une cuve pleine d'eau. On fait tomber le jet de cuivre sur un morceau de bois vert. Le cuivre fondu enflamme le bois de la canalisation ainsi que la bûche sur laquelle il se sépare; il est donc ainsi maintenu en milieu réducteur. Arrivant, ainsi, dans l'eau, à haute température, le cuivre la décompose, de même que l'eau décompose le sulfure de cuivre avec dégagement de SO^2. Sous l'action de ce dégagement gazeux, le cuivre prend la forme d'une grenaille boursouflée très légère, présentant une grande surface. Cette grenaille est retirée de la cuve à eau, au moyen d'un panier en fils de cuivre, qui avait été immergé avant la coulée. On la porte alors dans une cuve doublée de plomb où on la soumet pendant un certain temps à l'action de vapeur d'eau surchauffée (500 à 600°). Au contact de cette vapeur d'eau, le cuivre s'oxyde plus ou moins profondément. Cette opération terminée, on met alors dans la cuve de l'acide sulfurique étendu que l'on fait agir sur le cuivre vers 120°. Le cuivre est attaqué, il y a formation de sulfate de cuivre, mais pas de dégagement d'anhydride sulfureux. Dans la pratique, pendant que deux cuves pleines de grenailles sont soumises à l'action de la vapeur d'eau surchauffée, deux autres cuves préalablement oxydées sont soumises au traitement par l'acide sulfurique chaud. On arrive de cette façon à une production continue de sulfate de cuivre.

La solution concentrée et chaude de sulfate de cuivre, sortant des cuves à attaque est dirigée dans des rigoles en en bois, doublées de plomb. La solution en se refroidissant laisse déposer le long de ces rigoles des cristaux de sulfate de cuivre que l'on recueille. Les eaux mères de cristallisation sont alors conduites dans de grands bacs où elles laissent déposer des boues, desquelles par un procédé qui ne nous a pas été dévoilé, on retire l'argent contenu dans le cuivre. Ces eaux mères décantées et acidifiées à nouveau avec de l'acide sulfurique servent à faire de nouvelles attaques.

Le sulfate de cuivre que l'on a ramassé le long des rigoles est envoyé à l'atelier de cristallisation. On le redissout à chaud pour obtenir des solutions saturées que l'on met dans des cuves doublées de plomb qui ont environ $1^m 50$ de haut, $1^m 20$ de long et autant de large. De plus, dans ces cuves plongent une série de cylindres en plomb. La solution en se refroidissant laisse déposer sur les parois des cuves, de même que sur les cylindres en plomb, de gros cristaux de $SO^4Cu, 5H^2O$.

On retire alors les cylindres de plomb et on les râcle pour faire tomber le sulfate de cuivre. On vide les cuves et on râcle leurs parois. Le sulfate de cuivre qui est au fond des cuves contient toujours quelques impuretés, on le recueille à part pour lui faire subir une nouvelle cristallisation.

On obtient ainsi du sulfate de cuivre presque pur, auquel on ajouterait, paraît-il, quelques impuretés pour le ramener au taux de 98 % de sulfate de cuivre pur.

Les eaux-mères de cette première cristallisation sont concentrées et on les laisse refroidir pour obtenir une nouvelle cristallisation.

Le sulfate de cuivre ainsi obtenu en gros cristaux présente l'inconvénient d'être long à dissoudre; aussi on fabrique le sulfate neige ou sulfate semoule qui est cristallisé en tout petits cristaux. On l'obtient en troublant la cristallisation du sulfate de cuivre, en maintenant la solution en état d'agitation, ou bien en faisant cristalliser le $SO^4Cu, 5H^2O$ par refroidissement rapide de la solution.

Les cristaux de sulfate de cuivre sont ensuite essorés au moyen d'une essoreuse à grande vitesse. Le sulfate est alors prêt à livrer à la clientèle.

On prépare aussi du sulfate de cuivre broyé. Les gros cristaux de sulfate de cuivre sont broyés entre des cylindres. Le produit du broyage est amené par une bande de toile sans fin au-dessus de tamis où il est déversé. On sépare de cette façon les morceaux de différentes grosseurs, ce qui constitue autant de qualités différentes.

L'usine de Salindre a un grand débouché pour son sulfate de cuivre dans la région du Midi de la France. Aussi y entasse-t-on dans de vastes magasins des réserves énormes de sulfate de cuivre, pour faire face à la grande demande qui se fait pendant les périodes d'invasion du mildew dans les vignobles méridionaux.

THE CAPE COPPER COMPANY LIMITED à Londres, prenait, le 6 février 1890, un brevet de fabrication de sulfate de cuivre par action directe de l'acide sulfurique sur le cuivre. Le procédé consiste à préparer en une action continue le sulfate de cuivre, en faisant couler sur des débris de cuivre un filet d'acide sulfurique en même temps que l'on fait arriver en sens inverse un mélange d'air et de vapeur d'eau surchauffée. L'air et la vapeur d'eau sont les éléments d'oxydation qui empêchent la perte d'acide sulfurique sous forme d'anhydride sulfureux. De plus, l'anhydride sulfureux mélangé d'air, rencontrant une solution de sulfate de cuivre, est tranformé en acide sulfurique (voir page 39).

Dans une tour, on place les débris de cuivre ; par en haut on fait tomber doucement de l'acide sulfurique, tandis que par en bas on fait arriver le courant d'air et de vapeur d'eau. Grâce à ce courant de vapeur d'eau, la température à l'intérieur de la tour est suffisamment élevée et le cuivre se dissout rapidement. En bas de la tour on recueille une solution de sulfate de cuivre. On peut faire repasser plusieurs fois ce liquide sur le cuivre, de façon à obtenir une solution saturée qui laisse déposer des cristaux de sulfate de cuivre par refroidissement. Ces cristaux sont redissous afin d'obtenir par une nouvelle cristallisation du sulfate de cuivre presque pur.

PROCÉDÉ BECHI ET GALL. — Certains ingénieurs et certains industriels ont pensé qu'il était inutile de faire agir sur le cuivre l'acide sulfurique lui-même, mais ses constituants $SO^2 + O$.

MM. de Bechi et Gall prenaient à cet effet pour la Société centrale de produits chimiques un brevet en 1891 (23 février 1891. — N° 211620).

Le procédé consiste en la fabrication du sulfate de cuivre en attaquant le cuivre avec un mélange d'air et d'anhydride sulfureux provenant du grillage du soufre ou des sulfures métalliques et spécialement de la pyrite de fer.

Marche de la fabrication. — Dans un four à pyrite ordinaire à étages ou gradins, entouré d'une solide enveloppe en tôle on grille des pyrites de fer. On fait arriver dans le four un jet d'air comprimé. Ces fours à pyrite du genre Malestra peuvent être remplacés par des fours mécaniques évitant la main d'œuvre nécessaire pour faire tomber la

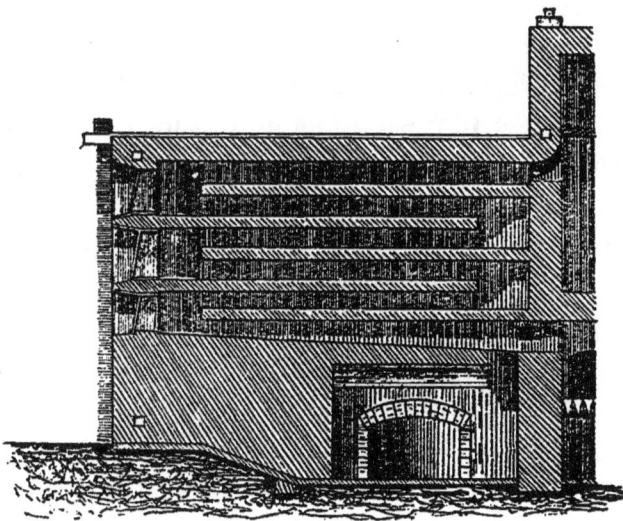

FIG. 1. — Four Malestra.

pyrite d'un étage sur l'autre; mais ces fours ont peut-être l'inconvénient de donner des gaz chargés d'une plus grande quantité de poussière que ceux obtenus avec les fours Malestra. Quelques soient les fours employés la combustion est réglée de façon a avoir un mélange gazeux d'air plus anhydride sulfureux renfermant 10 °/₀ de ce dernier gaz.

Les gaz sortant des fours passent dans une série de conduits et de chambres à poussières où ils laissent déposer celles-ci. Ils sont conduits ensuite dans une tour en lave de Volvic que l'on a préalablement remplie avec des déchets ou de la grenaille de cuivre obtenue comme nous l'avons déjà vu dans le procédé de Salindre. Ce cuivre a d'abord été porté à 100° par un jet de vapeur d'eau surchauffée que l'on fait arriver par le bas de la tour. Le mélange d'air plus SO² arrive alors par le bas de la tour et la traverse; il abandonne l'anhydride sulfureux et le reste des gaz s'échappe par le haut de la tour.

La vapeur d'eau a pour but de compenser le refroidissement du à l'introduction par le haut de la tour d'eau mère de cristallisation de sulfate de cuivre, provenant d'une opération précédente. Cette eau mère descend en traversant la masse du métal. Le gaz sulfureux mélangé a un excès d'air rencontrant une solution de sulfate de cuivre (voir page 39) est transformé en acide sulfurique qui attaque le cuivre et donne du sulfate de cuivre. Ce dernier est entraîné par le liquide descendant qui se sature au fur et à mesure de sa descente dans la tour, et se rend au pied de la tour à 80° environ. On fait couler ce liquide sur des tables en bois doublées de plomb. Il se dépose alors grâce au refroidissement énergique du à la grande surface des tables, du sulfate de cuivre en un magma cristallin que l'on recueille et que l'on purifie par cristallisation.

On fait dissoudre ce sulfate dans l'eau bouillante et cette

solution laisse déposer par refroidissement des cristaux de sulfate de cuivre pur.

Ce raffinage produit du sulfate à 98-99 %/₀ de sulfate de cuivre pur.

PROCÉDÉS PERMETTANT D'OBTENIR DU SULFATE DE CUIVRE AVEC LES RÉSIDUS DE GRILLAGE DE PYRITES. — *Premier procédé.* — Ce procédé est utilisé dans les usines dont le but principal est de produire de l'acide sulfurique par le procédé des chambres de plomb et qui utilisent pour sa fabrication des pyrites cuivreuses même très pauvres en cuivre. Ces pyrites sont grillées pour obtenir l'anhydride sulfureux nécessaire à la fabrication de l'acide sulfurique. Le résidu de ce grillage contient le cuivre à l'état d'oxyde, mais il est mélangé à de grandes quantités de fer. Ces résidus sont traités par de l'acide sulfurique étendu. Il y a formation de sulfate de cuivre et de sulfate de fer. On déplace alors le cuivre de son sulfate en plongeant dans la solution des lames de fer. Il y a formation d'une nouvelle quantité de sulfate de fer et dépôt de cuivre très pulvérulent. Le cuivre est séparé de la solution de sulfate de fer; celle-ci est concentrée et mise à cristalliser. Le cuivre est mis dans des fours à oxydation, ou on le soumet à haute température à l'action d'un courant d'air et de vapeur d'eau.

Le cuivre grâce à son état pulvérulent est facilement oxydé. L'oxyde de cuivre CuO traité par l'acide sulfurique donne du sulfate de cuivre conformément à l'équation suivante :

$$CuO + SO^4H^2 = SO^4Cu + H^2O$$

Il n'y a pas, dans cette réaction, dégagement d'anhydride sulfureux.

La solution de sulfate de cuivre concentrée laisse déposer des cristaux de sulfate de cuivre presque pur. Il n'est pas besoin ici d'une nouvelle cristallisation.

Ce procédé permet d'utiliser le cuivre de pyrites n'en contenant pas plus de 0,5 pour 100.

Deuxième procédé. — Ce procédé est décrit dans un brevet Allemand du 21 mars 1902, acheté par la Société anonyme « La Métallurgie nouvelle » à Paris.

Les minerais sulfurés de cuivre sont d'abord soumis à un grillage oxydant dans des fours ordinaires et ensuite sulfatés pendant le refroidissement par un mélange d'anhydride sulfureux et d'air.

Dans la pratique on utilise deux séries de fours à grillage. Pendant que le grillage s'opère dans une série, l'anhydride sulfureux produit dans ce grillage est amené mélangé avec de l'air dans la série de fours qui se refroidit où le cuivre transformé par grillage en oxyde fixe le SO^2 avec formation de sulfate. Il importe de ne pas laisser descendre la température pendant cette opération au-dessus de 500°.

La masse ainsi traitée fournit par lixiviation une solution qui renferme du sulfate de cuivre et du sulfate basique de fer. Cette solution est employée pour épuiser une nouvelle quantité de minerai grillée à fond de façon à transformer la totalité du cuivre en oxyde. Le fer se précipite alors à l'état d'oxyde ferrique et l'oxyde de cuivre est transformé en même temps en sulfate.

Un procédé analogue au précédent est décrit dans un brevet anglais du 6 mars 1902.

Les minerais sont grillés dans un four à moufle, dans une atmosphère oxydante ce qui a pour résultat de transformer une partie du minerai en sulfate. Le restant du soufre contenu dans le minerai se dégage sous forme d'anhydride sulfureux en laissant de l'oxyde de cuivre.

Les gaz sortant du four sont additionnés d'air et ramenés sur la masse grillée au fur et à mesure que celle-ci se refroidit graduellement.

La transformation en sulfate s'opère à une température qui ne descend pas au-dessous de 500°, qui est suffisamment élevée pour empêcher la formation de sulfate ferreux.

La masse est épuisée par l'eau, la solution obtenue est chauffée à 90° et traitée par du minerai complètement oxydé et contenant par conséquent son cuivre sous forme d'oxyde. Il se produit alors la réaction suivante :

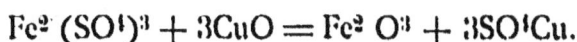

$$Fe^2 (SO^4)^3 + 3CuO = Fe^2 O^3 + 3SO^4Cu.$$

Dans un brevet américain en 1904, le procédé qui vient d'être décrit a été étendu au traitement des mattes bronzées.

Comme les minerais sulfurés, les mattes bronzées sont soumises à l'action d'un grillage énergique; puis après refroidissement on soumet la masse à l'action des gaz du grillage de façon à former du sulfate de cuivre et du sulfate de fer. On lessive et la solution est traitée par une nouvelle quantité de la masse grillée afin de compléter l'oxydation et former du sulfate de cuivre et du peroxyde de fer qui est précipité.

Troisième procédé (1). — Les résidus de grillage des pyrites cuprifères renferment le cuivre, d'après M. Milleberg, partie sous forme soluble ($Cu SO^4$), partie sous forme insoluble (CuS, Cu^2O, silicate de cuivre et cuivre métallique). Ces combinaisons peuvent être solubilisées par oxydation en

(1) MILLEBERT, *Chem. Zeit.*, t. XXX, p. 511, 513, 1906.

présence de sulfate ferrique Fe² (SO⁴)³ et en présence d'une quantité d'alcali suffisante pour former l'hydrate de cuivre.

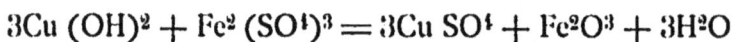

$$3Cu (OH)^2 + Fe^2 (SO^4)^3 = 3Cu SO^4 + Fe^2O^3 + 3H^2O$$

D'autre part les combinaisons cuivreuses s'oxydent avec une grande facilité en présence d'alcali.

Se basant sur ces principes, l'auteur du procédé traite les résidus de grillage par de l'acide sulfurique étendu, il y a formation de sulfates et entre autres de sulfate ferrique Fe² (SO⁴)³. On additionne alors un lait de chaux en quantité correspondant environ aux trois quart de celle corres pondant au cuivre. La liqueur obtenue filtrée contient le sulfate de cuivre dans un état suffisant de pureté.

Lorsqu'il y a dans le minerai d'autres métaux, tels que le manganèse, le nikel, le cobalt on procède autrement.

Les eaux de lessivage des matières, sont oxydées par l'air de façon à précipiter l'alumine et le fer, puis additionnée à l'ébullition d'un lait de chaux.

Le cuivre se précipite sous forme d'un sulfate basique qu'on filtre et qu'on lave. Le manganèse reste en solution.

Ce sulfate basique de cuivre est redissous dans l'acide sulfurique dilué de façon à obtenir une solution chaude à 40° Baumé. Par refroidissement, il se dépose du SO⁴Cu, 5H²O presque pur.

Fabrication du sulfate de cuivre par action de l'acide sulfurique étendu sur le sulfure de cuivre, transformé en sulfate basique par grillage.

On chauffe de vieilles plaques de cuivre ou des déchets avec du soufre dans des fours à reverbère. On obtient ainsi la formation de sous-sulfure que l'on grille fortement. Il y a formation de sulfate basique que l'on dissout dans de l'eau aiguisée d'acide sulfurique. On a ainsi une solution de sulfate de cuivre que l'on fait cristalliser comme à l'ordinaire.

Un autre procédé consiste à traiter les pyrites cuivreuses après leur grillage par les eaux mères de la fabrication du chlore. Le liquide qui est toujours acide dissout la majeure partie du cuivre.

La solution ainsi produite est traitée par une quantité suffisante de marc de soude, de manière à convertir le cuivre en sulfure.

Après avoir recueilli et lavé ce dernier, on le sèche et on le calcine. On reprend la masse grillée par l'eau bouillante, acidulée d'acide sulfurique et l'on fait cristalliser le sulfate de cuivre produit. Ce procédé paraît pratique à employer dans une usine ou l'on fabrique la soude Leblanc et où l'on a par conséquent sous la main les marcs de soude de même que les eaux mères de la fabrication du chlore.

Fabrication du sulfate de cuivre par action de l'acide sulfurique sur le cuivre en présence de l'acide azotique.

Si l'on fait agir sur le cuivre un mélange d'acide azotique et d'acide sulfurique, il y a formation de sulfate de cuivre sans dégagement d'anhydride sulfureux mais avec dégagement de bioxyde d'azote.

On fait donc agir le mélange acide sur des déchets de cuivre ou sur de la grenaille obtenue comme dans le procédé de Salindre. A cet effet, on dispose ces déchets dans des tours en lave de Volvic et on fait couler par en haut les acides. Au bas de la tour, on recueille une solution de sulfate de cuivre saturée. On laisse cristalliser, et les eaux mères après addition de nouvelles quantités d'acides servent à une autre opération.

L'acide azotique attaque le cuivre ; il se forme du bioxyde d'azote conformément à la réaction suivante :

$$1° \quad 3Cu + 8NO^3H = 3(NO^3)^2Cu) + 4H^2O + 2NO$$

Ce bioxyde d'azote se dégage en haut de la tour. On conduit ce gaz dans des colonnes où il rencontre de l'eau. Au contact d'air, le bioxyde d'azote donne de l'anhydride azoteux.

$$2° \quad 2NO + O = N^2O^3$$

mais l'anhydride azoteux se dissocie facilement.

$$3° \quad N^2O^3 = NO + NO^2$$

En présence d'eau, le péroxyde d'azote NO^2 donne de l'acide azotique et de l'anhydride azoteux.

D'autre part, en présence d'eau et d'oxygène, l'anhydride azoteux donne facilement de l'acide azotique. Ainsi donc, on devrait recueillir en fin d'opération tout l'acide azotique employé.

Le nitrate de cuivre formé dans la réaction 1 n'est pas stable en présence d'acide sulfurique

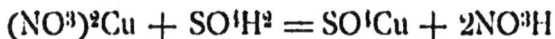

$$(NO^3)^2Cu + SO^4H^2 = SO^4Cu + 2NO^3H$$

et finalement on obtient au bas de la tour du sulfate de cuivre. Après cristallisation les eaux mères contiennent donc de l'acide azotique qui ajouté à celui que l'on a régénéré peut rentrer en fabrication.

Le procédé serait très économique, mais malheureusement outre la production de bioxyde d'azote, il se forme aussi dans cette opération du protoxyde d'azote que l'eau ne retient pas. On perd ainsi de l'acide azotique.

M. Roos a pris un brevet pour un procédé de fabrication du sulfate de cuivre intéressant tant au point de vue pratique qu'économique. Dans une tour en lave de Volvic, on met des déchets de cuivre ou de la grenaille. En haut de la tour, on fait tomber en pluie fine de l'acide azotique qui attaque le cuivre en donnant d'une part du nitrate de cuivre et, d'autre part, un dégagement de bioxyde d'azote. La solution du nitrate de cuivre est recueillie au bas de la tour. Dans cette solution on ajoute de l'acide sulfurique et il se forme au bout de quelques minutes un abondant précipité de sulfate de cuivre semoule. Ces cristaux sont ensuite essorés dans une essoreuse en aluminium. Ce métal n'est pas attaqué par l'acide azotique, parce qu'il se revêt sous l'action de cet acide d'une couche protectrice d'alumine. Quant au bioxyde d'azote il est aspiré par le haut de la tour au moyen d'un aspirateur placé en queue des appareils. Le gaz est ainsi amené au bas d'une série de tours où il rencontre, en les traversant, de l'eau tombant en cascade qui absorbe le bioxyde d'azote.

Ce procédé est économique en ce qu'il n'utilise pas de combustible. De plus, l'unique formation de bioxyde d'azote dans l'attaque du cuivre permet de réduire, à peu de chose, la perte en acide azotique. Cet acide ajouté à celui dans lequel on a précipité le sulfate de cuivre, rentre à nouveau en fabrication.

Fabrication électrolytique du sulfate de cuivre.

Cette fabrication fait l'objet d'une série de brevets dont suit l'analyse des principaux.

BREVET PALLAS-COTTA ET GONIN, Marseille, 16-7-1900. — Le procédé consiste à faire du sulfate de cuivre par l'application de l'électrolyse aux solutions de sulfate alcalin avec production simultanée d'alcali caustique. On interpose entre les deux solutions de sulfate de cuivre et de sulfate alcalin à électrolyser, au moyen de deux parois poreuses, une couche de liquide, constituée par de l'eau acidulée d'acide sulfurique, constamment renouvelée, destinée à arrêter les substances qui y pénètrent par dialyse.

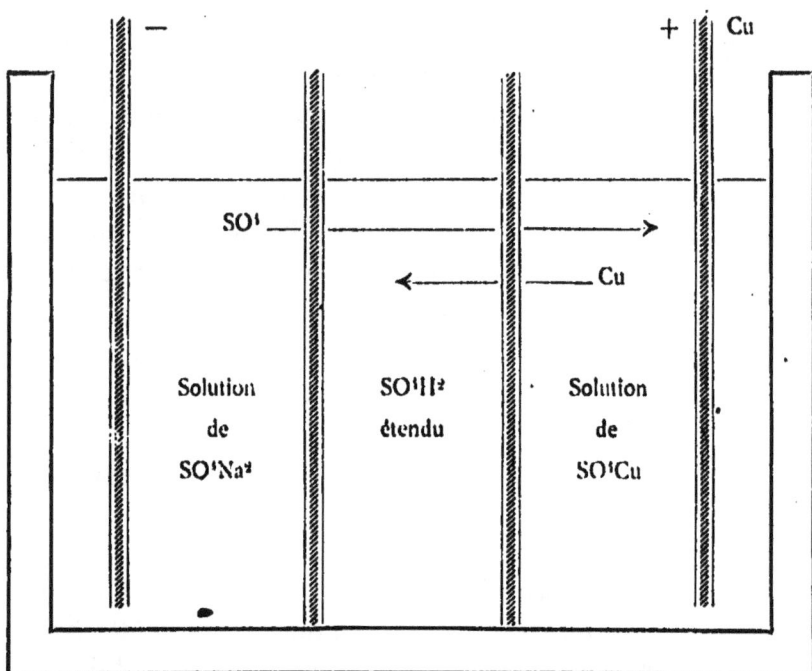

FIG. 2. — Schéma de la fabrication électrolytique du $SO^4Cu, 5H^2O$.

Sous l'action du courant, le sulfate alcalin qui entoure la cathode est décomposé ; le métal alcalin mis en liberté décompose l'eau et forme ainsi un alcali caustique. L'ion SO^4 se porte vers l'anode qui est en cuivre, il attaque celui-ci avec formation de sulfate de cuivre. Les ions cuivre qui se dirigent vers la cathode sont arrêtés par le liquide intermédiaire, où ils donnent avec le SO^4H^2 qu'il contient du sulfate de cuivre.

Brevet Granier 28-8-1903. — Comme le précédent, ce procédé consiste à fabriquer du sulfate de cuivre et des alcalis caustiques par électrolyse, dans un électrolyseur à diaphragme avec anode en cuivre ou en alliage de cuivre, d'un mélange de chlorure alcalin et chlorure cuivreux soluble dans ce dernier, afin que le chlore qui se dégage aux anodes se combine au fur et à mesure au cuivre des anodes. Il donne naissance à du chlorure cuivreux pulvérulent, lequel peut ensuite, par l'action de l'acide sulfurique concentré être transformé en sulfate de cuivre et donner de l'HCL.

Brevet Lombard, directeur de la Société des produits chimiques de Marseille-l'Estaque, 31-12-1903. — Le procédé consiste à électrolyser une solution acide contenant une anode en cuivre et une cathode placée dans un vase poreux renfermant lui-même, soit de l'acide sulfurique, soit une solution saturée et légèrement acide d'un sulfate quelconque.

Obtention du sulfate de cuivre dans l'extraction des métaux précieux des minerais contenant du cuivre et dans l'affinage de ces métaux.

Ces minerais contiennent souvent outre les métaux précieux, du cuivre et du plomb.

Le traitement consiste en une fonte réductive avec de l'oxyde de fer sans grillage préalable; le cuivre se concentre avec un peu de plomb dans une matte.

Grillage des mattes et fontes pour le cuivre noir. — Les mattes plombo-cuivreuses concentrées à 30 ou 35 % et contenant de l'argent et de l'or sont soumises à des grillages et autant de fontes dont le nombre varie de 2 à 5 suivant la richesse de la matte.

On affine ensuite cette matte au four à reverbère pour cuivre noir et on la coule en grenaille qui contient alors de 96 à 97 $^0/_0$ de cuivre.

Attaque du cuivre noir par l'acide sulfurique. — Le principe de la méthode consiste à humecter la grenaille d'acide sulfurique chaud et étendu, jusqu'à ce qu'il ne marque plus que 25° B. Au contact de l'air et de l'acide le cuivre s'oxyde et donne du sulfate double. L'opération se fait dans des tonneaux en bois doublés de plomb pourvus d'un double fond. On les charge de grenaille, puis on arrose à la partie supérieure avec l'acide qui traverse un bassin en bois doublé de plomb et chauffé. Un canal doublé de plomb reçoit les eaux chargées de sulfate et sert de premier cristallisoir. Les eaux mères servent à diluer l'acide employé. Ces cristaux contiennent quelques impuretés que l'on élimine par deux cristallisations successives.

Production de sulfate de cuivre dans l'affinage des métaux précieux (1) — C'est dans l'affinage par l'acide sulfurique que l'on obtient la production de sulfate de cuivre.

L'acide sulfurique concentré et chaud, transforme l'argent et le cuivre en sulfates solubles sans attaquer l'or conformément à l'équation.

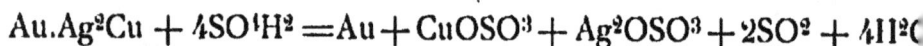

$$Au.Ag^2Cu + 4SO^4H^2 = Au + CuOSO^3 + Ag^2OSO^3 + 2SO^2 + 4H^2O$$

Des lames de cuivre sont plongées dans la solution contenant le sulfate d'argent. Celui-ci se précipite tandis que du cuivre se dissout avec formation de sulfate de cuivre. La solution de sulfate de cuivre que l'on obtient après séparation complète de l'argent, contient donc le cuivre qui fai-

(1) R. DE FORCRAND. — *Encyclopédie chimique.*

sait partie de l'alliage primitif, mais aussi celui qui a remplacé l'argent.

Cette liqueur est fortement acide. Pour en retirer le sulfate de cuivre on l'évapore dans des chaudières de plomb jusqu'à ce qu'elle marque environ 40° à l'aréomètre Baumé. Il se dépose par refroidissement de petits cristaux qui sont du sulfate de cuivre en partie anhydre.

L'eau mère fournit encore après deux ou trois évaporations successives de nouvelles quantités de ce sel.

Le produit brut ainsi obtenu est redissous dans l'eau. La liqueur est évaporée. Quand elle marque 42° B, elle laisse déposer des cristaux de sulfate de cuivre hydraté à peu près purs.

Comme on vient de le voir, les procédés de fabrication du sulfate de cuivre sont nombreux et nous n'avons pas la prétention de les avoir passés tous en revue.

Leur valeur économique (c'est le point de vue pratique dans l'industrie) varie suivant les lieux et l'industrie à laquelle doit se rattacher la production du sulfate de cuivre.

Évidemment un producteur d'acide sulfurique choisira parmi ces procédés, ceux qui sont basés sur l'action de l'acide sulfurique sur le cuivre plus ou moins oxydé et non pas un procédé électrolytique.

CHAPITRE V

USAGES DU SULFATE DE CUIVRE
DANS L'INDUSTRIE

Nous diviserons ainsi ce chapitre.

1º Galvanoplastie et électrolyse.
2º Teinture.
3º Conservation des bois.
4º Extraction de l'argent par amalgamation.

Usages du sulfate de cuivre en galvanoplastie et électrolyse.

On désigne plus particulièrement sous le nom de cuivrage, l'opération qui a pour but de revêtir les objets d'une couche de cuivre.

CUIVRAGE. — Un grand nombre d'objets en fer, en fonte ou en zinc sont industriellement recouverts d'une couche plus ou moins épaisse de cuivre, afin d'en prévenir l'oxydation et leur donner en même temps une apparence artistique.

En outre, beaucoup d'objets destinés à être nickelés, argentés ou dorés doivent recevoir un cuivrage intermédiaire.

Parmi les procédés de cuivrage employés, seuls ceux qui ont pour base le sulfate de cuivre nous intéressent ici.

Cuivrage non galvanique. — Dans un bain composé d'une dissolution de sulfate de cuivre au cinquantième et renfermant une quantité d'acide sulfurique égale au poids de sel dissous, on plonge les objets en fer.

Au bout de peu de temps, ces objets se recouvrent d'une mince couche de cuivre rouge. Cette action est due à la décomposition du sulfate de cuivre par le fer conformément à l'équation suivante :

$$SO^4Cu + Fe = SO^4Fe + Cu$$

Si l'immersion est de courte durée, la couche de cuivre est brillante, assez adhérente, mais comme elle est très mince, elle offre peu de résistance au frottement. Si l'immersion est prolongée, le cuivre se dépose à l'état de bouillie sans adhérence.

Cuivrage galvanique. — Procédés ayant pour base l'emploi du sulfate de cuivre.

Cuivrage de la fonte. — Procédé Oudry. On passe d'abord sur la fonte une couche de vernis plombaginé qu'on recouvre ensuite de cuivre électrolytiquement.

Le fer est d'abord enduit d'une couche de minium, puis d'une couche de vernis résineux, sur lequel on étend ensuite de la plombagine.

La pièce est alors plongée dans un bain formé :

d'une solution saturée de $SO^4Cu\ 5H^2O$ et de 10 % de SO^4H^2

Le métal préservé par le vernis ne peut plus être attaqué par l'acide du bain et il est possible d'obtenir un dépôt homogène. Mais ce dépôt n'étant pas adhérent à la pièce, il ne présente par lui-même une résistance suffisante que sous une assez grande épaisseur, 1 mm au moins. Enfin, ces couches successives de vernis et de cuivre empâtent les détails de la ciselure et le caractère artistique des pièces qui dépend principalement de la netteté des contours se trouve considérablement diminué.

Il n'en est pas moins vrai que ce procédé est le premier qui ait été pratiquement employé sur une grande échelle. Les candélabres de la ville de Paris, les fontaines de la place de la Concorde, de la place Louvois ont été ainsi cuivrés.

Le prix du cuivrage pour les grands objets d'art peut s'élever à 25 francs le kilo.

Si l'on comprend le poids de la fonte dans la détermination du prix, on peut admettre que ce genre de cuivrage donne des pièces dont le prix varie entre 1 franc et 1 fr. 50 le kilo.

On peut se proposer de calculer à priori la durée Θ en heures d'une opération donnant un dépôt d'une épaisseur de 1 mm et l'énergie électrique Tch, chevaux heures, dépensée par kilo de cuivre déposé.

Θ dépend uniquement de la densité du courant (intensité par décimètre carré) aux électrodes; celles-ci sont toujours placées face à face et présentent la même superficie.

La seconde quantité Tch dépend tout à la fois de la différence de potentiel E aux électrodes et de la quantité d'électricité IΘ mise en jeu.

$$\text{Tch} = \frac{E I \Theta}{736}$$

Le terme E est lui-même fonction de la densité du courant D et de la résistance spécifique R du bain électrolytique.

La densité du courant est généralement inférieure à 1 ampère par décimètre carré.

Supposons D = 1, il se dépose alors par heure et par décimètre carré 1^{gr} 19 de cuivre.

D'autre part, le poids du métal déposé, correspondant à une épaisseur de 1^{mm}, est égal à 89^{gr} 25. Il s'en suit que le temps Θ nécessaire pour déposer cette quantité de métal sera donné par le rapport.

$$\Theta = \frac{89.25}{1.19} = 75 \text{ heures.}$$

On calcule de même facilement la quantité d'énergie électrique que nécessite le dépôt de 1 kilo de cuivre.

Remplaçons dans la formule

$$\text{Tch} = \frac{EI\Theta}{736}$$

qui donne la valeur de la quantité cherchée, les termes E, I et Θ par leur valeur.

Un kilo de cuivre correspondant dans ce cas à un dépôt d'une couche de 1^{mm} de métal sur une surface de 11^{decim2},2, la densité de courant étant d'une ampère par décimètre carré

$$I = 11,2 \text{ ampères} \quad \Theta = 75 \text{ heures}$$

E varie avec la masse du bain et l'écartement des électrodes, mais en général il oscille entre 0.3 et 0.6 volt.

Donc $\text{Tch} = \dfrac{0.6 + 11.2 + 75}{736} = 0.648$ ch. heure.

Suivant le procédé Gaudin on commence par recouvrir l'objet de fer d'une couche de cuivre en se servant du bain électrolytique suivant :

Eau..................... 10 litres.
Sulfate de cuivre......... 250 grammes.
Acide oxalique........... 500 —
Ammoniaque............ 500 —

La teneur du bain varie peu à l'usage et d'ailleurs on a remarqué qu'un bain neuf donne des dépôts grenus, tandis qu'on obtient avec des bains vieux des dépôts plus plastiques.

Lorsque la pièce est recouverte d'une couche de cuivre appréciable, on peut compléter sa métallisation dans un bain de sulfate de cuivre acide avec lequel l'opération est conduite plus rapidement, tout en étant moins coûteuse.

Cuivrage de la fonte de zinc. — *Bain Wall.* — On fait dissoudre 250 grammes de sulfate de cuivre dans un litre d'eau chaude. Dans la solution refroidie, on verse progressivement de l'ammoniaque, jusqu'à ce que l'oxyde de cuivre qui s'était d'abord précipité se redissolve, de sorte que l'on a finalement un liquide limpide et clair.

On ajoute ensuite une dissolution concentrée de cyanure de potassium jusqu'à disparition complète de la couleur bleue de sulfate de cuivre ammoniacal.

Ce bain doit être employé à une température de 55°.

Le *procédé Wilde* est utilisé en Angleterre à Manchester, pour le cuivrage des rouleaux d'imprimerie.

On commence par déposer sur le rouleau une couche de cuivre à l'aide d'un bain de cyanure, puis on complète cette couche de cuivre en employant un bain de sulfate de cuivre. On dépose ainsi plusieurs couches de cuivre et on passe le cylindre au laminoir après le dépôt de chaque couche.

Cuivrage des fils télégraphiques. — La Postal Telegraf Company de New-York effectue en grand le cuivrage des fils télégraphiques.

L'électrolyte est une solution de sulfate de cuivre contenue dans deux cents bacs indépendants les uns des autres.

Le fil enroulé d'abord sur de grandes bobines passe lentement dans une série de bains jusqu'à ce qu'ils soient recouverts d'une couche suffisante de cuivre.

Cuivrage des obus. — En Angleterre on cuivre les obus en les plongeant, une fois légèrement nikelés, dans un bain renfermant :

$$1 \text{ kilogramme de } SO^4Cu$$
$$4^{lit} 5 \text{ d'eau acidulée.}$$

On laisse ces obus dans ce bain pendant 10 heures; par l'action du courant, les obus se recouvrent de cuivre sur toute la surface.

On replonge ensuite la base de l'obus dans un bain analogue pour former un bourrelet. On les y laisse ainsi pendant trente à cinquante heures.

AFFINAGE ÉLECTROLYTIQUE DU CUIVRE. — Le cuivre impur peut être affiné par voie d'électrolyse. Dans un bain de sulfate de cuivre additionné d'acide nitrique, on plonge deux électrodes.

L'électrode négative faite de cuivre pur et l'électrode positive faite de cuivre impur. Le courant électrique transporte le cuivre de l'anode à la cathode, tandis que les impuretés s'accumulent en boues au fond du vase ou se dissolvent sans être électrolysées, pourvu que la force électromotrice employée, soit inférieure au potentiel de décharge de ces impuretés.

On peut, comme nous l'avons vu à propos du cuivrage, par un calcul simple connaître le temps nécessaire pour obtenir le dépôt d'un certain poids de cuivre, de même que l'énergie électrique utilisée pour ce dépôt.

Emploi du sulfate de cuivre en teinture

Le sulfate de cuivre est la base de la fabrication d'un certain nombre de couleurs employées en teinture.

VERT DE BRUNSWICK. — Ce que l'on rencontre actuellement dans le commerce sous ce nom est du carbonate de cuivre basique.

$$CuCO_3, Cu(OH)^2$$

C'est une imitation du vert de montagne qui n'est autre chose que de la malachite finement porphyrisée. Pour obtenir le vert de Brunswick, on décompose le sulfate de cuivre avec du carbonate de sodium ou de calcium. On lave à l'eau bouillante le précipité formé et on le nuance avec du spath pesant, du blanc permanent, du blanc de zinc, du plâtre et quelquefois aussi avec du vert de Schweinfürt.

VERT DE CASSELMANN. — On prépare cette belle couleur verte en mélangeant une dissolution bouillante de sulfate de cuivre avec une solution également bouillante d'un acétate alcalin.

Le précipité qui prend naissance est un sel de bioxyde de cuivre basique ayant pour formule :

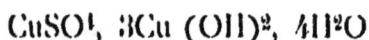

$$CuSO^4, 3Cu(OH)^2, 4H^2O$$

Desséchée et réduite en poudre, cette couleur constitue, après le vert de Shweinfürt la plus belle de toutes les couleurs de cuivre.

VERT MINÉRAL OU VERT DE SCHELLE. — Il correspond à la formule :

$$Cu^2As^2O^6 2H^2O$$

On l'obtient en mélangeant une dissolution de six parties de sulfate de cuivre pur exempt de fer, avec une solution de deux parties d'acide arsénieux et de huit parties de carbonate de potassium et l'on favorise la réaction en agitant continuellement. Le précipité vert d'herbe qui s'est formé est lavé avec de l'eau chaude, puis desséché.

VERT DE GENTELE. — C'est un stannate de cuivre, obtenu en précipitant le sulfate de cuivre avec le stannate de sodium. On lave et on sèche le précipité qui est d'une belle couleur verte.

VERT DE CUIVRE. — On l'obtient en faisant dissoudre à chaud 25 grammes de sulfate de cuivre dans 250 grammes de solution de gomme. On ajoute ensuite 250 grammes d'hyposulfite de soude.

Ce vert est très beau et peut sans éprouver de changement, subir le bain de garance. Il est aussi très homogène sur un fond blanc, il vaut mieux l'épaissir avec le leiocome qu'avec la gomme; mais il a l'inconvénient qu'imprimé par un temps chaud, il sèche très promptement.

BLEU DE BRÊME OU VERT DE BRÊME. — Le bleu ou le vert de Brême se compose essentiellement d'hydrate de cuivre dont la couleur tire un peu sur le verdâtre. On le prépare à partir d'une solution de sulfate de cuivre.

CENDRES BLEUES. — Les couleurs bleues que l'on rencontre dans le commerce, sous le nom de cendres bleues artificielles (bleu de Neuwied à la chaux), se préparent en précipitant à froid une solution de 100 parties de sulfate de cuivre et de 12 parties ¹/₂ de chlorure d'ammonium au moyen d'un lait de chaux obtenu avec 30 parties de chaux. Ces couleurs sont formées d'hydrate de cuivre et de sulfate de calcium. Leur composition est représentée par la formule :

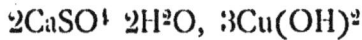

$$2CaSO^4 \ 2H^2O, \ 3Cu(OH)^2$$

Elles ont une nuance bleue, plus pure que le bleu de Brême, elles couvrent assez bien avec l'eau, mais peu avec l'huile.

On fabrique en tout trois qualités de cendres bleues en pâte : la première se prépare comme nous venons de le dire. Les seconde et troisième qualités s'obtiennent en employant une plus grande quantité de lait de chaux.

Pour obtenir les cendres bleues en pierre, il suffit de faire dessécher les cendres bleues en pâte à l'ombre et à une douce chaleur.

ACTION DU SULFATE DE CUIVRE SUR LES DIVERSES DÉCOCTIONS DE COULEURS NATURELLES.

Décoctions	Couleur du précipité obtenu avec le sulfate de cuivre
Bois de campêche..	précipité bleu ou lie de vin foncé.
Bois du Brésil	rouge cramoisi, passant au violet foncé.
Santal rouge.......	rouge brun intense..
Cochenille	violet.
Curcuma..........	liqueur brune.
Bois jaunes........	précipité vert foncé.
Granies jaunes	liqueur jaune vert olive.
Rocou.	précipité jaune brun.
Épine vinette......	liqueur vert pré.
Cachous..........	liqueur brune ou noire.
Cachou de Calcutta.	liqueur vert olive.
Fleur de mauve....	précipité bleu.

EMPLOI DU SULFATE DE CUIVRE POUR LA TEINTURE SUR LAINE.
— On peut teindre la laine en écru en la plongeant dans un
bain ainsi composé :

6 litres d'eau dans lesquels on fait fondre 1 kil. de gomme
et 125 grammes de sulfate de cuivre. On ajoute ensuite un
demi-litre de couleur orangée au rocou.

Couleur fantaisie pour fond. On trempe la laine dans le
bain suivant :

Eau......................	2 litres.
Gomme...................	500 grammes.
Sulfate de cuivre............	125 — (ajouter à froid).
Couleur orangée au rocou......	1/2 litre.

La laine se teint en bleu par une immersion dans une
décoction de bois de campêche en présence de sulfate
de cuivre. Ce bleu ne résiste pas ; on le nomme bleu
faux, mais il possède un certain éclat qui le rend très
utile.

En général, pour les bleus sur laine, on mordance d'abord
en alun et tartre ; on introduit ensuite dans le bain bouillant l'extrait ou les copeaux de campêche, en même temps
que du sulfate de cuivre et on teint au « bouillon » pendant
plus ou moins de temps en renforçant le bain avec de nouveau campêche jusqu'à ce qu'on soit monté à la nuance
voulue. On avive en passant la laine dans un léger bain
bouillant de sulfate de cuivre.

Pour le bleu de roi, dit aussi bleu d'enfer, on emploie
pour 100 kilos de laine :

Alun	10 kilos.
Tartre	2 —
Sulfate de cuivre.............	1 —
Campêche....................	quantité soluble.

Teinture de la laine en noir. — La laine a beaucoup d'affinité pour la teinture en noir.

Pour la laine en flocons, destinée à l'article nouveauté, on emploie par 100 kilos de laine :

40 kilos.....................	de campêche effilé.
2 —	de bois jaune.
3 —	d'orseille.
1 k. 5	d'alun.
1 k. 5	de tartre.
4 —	de sulfate de cuivre.

On peut remplacer le campêche par la noix de Galles.

EMPLOI DU SULFATE DE CUIVRE DANS LA TEINTURE DU COTON. — *Couleur puce.* — On obtient cette couleur des tissus de coton dans un bain ainsi fait :

3/4 de litre	bain de Ste.-Marthe à 5°.
1/4 —	— de campêche.
62 grammes	d'alun.
16 —	de sulfate de cuivre.
8 —	d'acide oxalique.
375 —	d'amidon grillé.

Impression du coton avec le noir d'aniline. — Pour l'impression, on commence par préparer de l'empois d'amidon à 120 grammes par litre ; on y dissout à chaud du chlorate de potasse et du sulfate de cuivre ; après refroidissement, on ajoute du chlorhydrate d'aniline et de l'acide acétique ou tartrique.

Eau.....................	2 k. 250.
Amidon.....................	0 k. 275.

Cuire pour empois et y dissoudre à chaud :

Sulfate de cuivre.	56 grammes.
Chlorate de potasse................	56 —

Remuer jusqu'à refroidissement et ajouter :

Chlorhydrate d'aniline..............	175 grammes.

Imprimer, sécher à une douce température et exposer 36 à 48 heures dans une chambre humide chauffée à 30°; enfin on fait passer dans un bain de bichromate à 6 %.

Ce noir est très beau et très solide, mais offre dans l'application des inconvénients graves :

1° La couleur à imprimer ne se conserve pas.
2° Elle attaque les racles.
3° Elle brûle facilement le tissu.

EMPLOI DU SULFATE DE CUIVRE DANS LA TEINTURE EN NOIR DE LA SOIE. — *Bain de noir pour impression.* — Dans un litre de bain de campêche à 5°, on délaye :

Amidon blanc	93 grammes.
Amidon grillé	47 —

On fait cuire ; en sortant du feu, on mêle :

Sulfate de cuivre	47 grammes.

et à froid :

Nitrate de fer à 55°..............	62 grammes.

Bain de noir pour fond :

Bain de campêche à 77°.......	1 litre.
Sulfate de cuivre.................	47 grammes.
Acétate d'indigo.................	62 —
Nitrate de fer à 55°..............	47 —
Amidon grillé....................	470 —

Le sulfate de cuivre est encore employé comme réservage dans la teinture en cuve d'indigo froid.

On imprime, avant le cuvage, la préparation suivante qui s'oppose à la fixation de l'indigotine :

RÉSERVE POUR.......	GROS BLEU	BLEU MOYEN
Eau...............	4 litres	4 litres
Sulfate de cuivre......	1 kil. 210 grammes	500 grammes
Acétate de cuivre......	500 —	250 —
Azotate de cuivre......	875 —	500 —
Alun..............	240 —	240 —
Terre de pipe........	2 kil. 125 grammes	2 kilogrammes
Amidon grillé........	1 — 250 —	1 —

Le sulfate de cuivre oxyde l'indigo blanc avant qu'il n'ait pu pénétrer dans la fibre. Après le cuvage, qui exige quelques précautions particulières, on lave et on dissout la couleur réserve qui laisse du blanc.

PAPIERS PEINTS. — Le sulfate de cuivre est utilisé pour la fabrication des papiers peints comme teinture en bleu.

ENCRES. — Le sulfate de cuivre entre dans la composition de certaines encres. Il rend généralement l'encre plus foncée et plus consistante. Il y a avantage à ajouter du vitriol bleu à l'encre qui contient du bois de campêche ; mais il ne faut pas en ajouter plus d'une partie sur huit de noix de Galles ; la couleur de l'encre deviendrait d'un gris sale.

Emploi du sulfate de cuivre pour la conservation des bois (1).

ACTION DU SULFATE DE CUIVRE SUR LE BOIS. — Les expériences de M. Kœnig ont démontré que le sulfate de cuivre enlève au bois une matière azotée qui joue le rôle de ferment.

Cette matière azotée se retrouve dans la dissolution cuivrique après le traitement. Il se forme en même temps du résinate de cuivre qui bouche les pores du bois et le garantit contre l'action de l'air.

M. Weltz a remarqué que le bois imprégné noircit peu à peu, tandis qu'il s'y produit des couches de cuivre métallique. Du sulfate de cuivre se fixe dans le bois; ce sel se décompose en cuivre métallique et en acide sulfurique.

L'acide sulfurique charbonne le bois et c'est grâce à cette couche de charbon, dont l'action préservatrice a pu être remarquée si souvent que le bois résiste à l'action de l'humidité.

L'auteur tire confirmation de ces idées du fait suivant. Il existe dans le sud de l'Espagne une ancienne mine de cuivre (mine de Rio-Tinto) qui date des premières années de l'ère chrétienne. Les bois qui en soutiennent les galeries sont en parfait état de conservation; seulement ils sont charbonnés, circonstance qui s'explique par la quantité de sulfate de cuivre cristallisé et de cuivre métallique en régule qui les recouvre.

Ces bois sont restés exposés pendant près de dix-huit cent ans à l'action de l'humidité et de l'air et ils ont été charbonnés par le sulfate de cuivre, tandis qu'il s'y est déposé du cuivre métallique. Ainsi, en résumé, il résulte des tra-

(1) CHARPENTIER, Le Bois, *Encyclopédie chimique.*
— — *Dict. art. et manufactures*
— — *Moniteur scientifique,* *1900.*

6

vaux de MM. Kœnig et Weltz que lorsqu'on plonge le bois dans des dissolutions de sulfate de cuivre, l'action de ce sel est assez complexe; des matières albuminoïdes sont enlevées par la dissolution de cuivre, les pores du bois se trouvent partiellement bouchés par du résinate de cuivre, puis par du cuivre métallique; enfin le bois se recouvre d'une nouvelle couche préservatrice de matière charbonneuse.

Résultats fournis par l'injection des bois au moyen du sulfate de cuivre. — Cette question a été étudiée particulièrement par M. Rottier.

Cet auteur établit d'abord que la matière ligneuse finit par s'altérer au bout d'un certain temps. Ceci s'explique facilement par la disparition de la petite quantité de cuivre fixé sur la cellulose.

Les causes sous l'influence desquelles le sel de cuivre est enlevé au bois sont au nombre de trois :

1° La présence du fer en grande quantité ;
2° Celle de certaines solutions salines ;
3° Celle de l'acide carbonique.

Des expériences faites sur des copeaux préparés avec des solutions de sulfate de cuivre renfermant des quantités différentes de sulfate de fer ont conduit aux conclusions suivantes :

1° Le sulfate de fer jouit d'un certain pouvoir antiseptique beaucoup plus faible que celui du sulfate de cuivre ;
2° Des bois préparés à l'aide de solutions renfermant à la fois du sulfate de fer et du sulfate de cuivre se conservent sous terre à peu près pendant le même temps, à moins que le sel de fer ne soit en proportion considérable;
3° Il n'y a pas lieu de préférer, pour la préparation du bois, le sulfate de cuivre chimiquement pur au sulfate commercial.

Un certain nombre de sels exercent une action nuisible sur les bois imprégnés de sulfate de cuivre.

Si l'on plonge des copeaux préparés, lavés et desséchés dans une solution de chlorure de calcium, de carbonate de soude ou de carbonate de potasse, on remarque, au bout de quelque temps, que ces solutions renferment toujours une quantité assez considérable de sulfate de cuivre et que le bois en contient de moins en moins.

Ce fait démontre que la préparation par le sulfate de cuivre n'est pas à conseiller pour les bois qui doivent être employés dans les constructions maritimes.

De même que certains sels, les solutions d'acide carbonique enlèvent au bois le sulfate de cuivre.

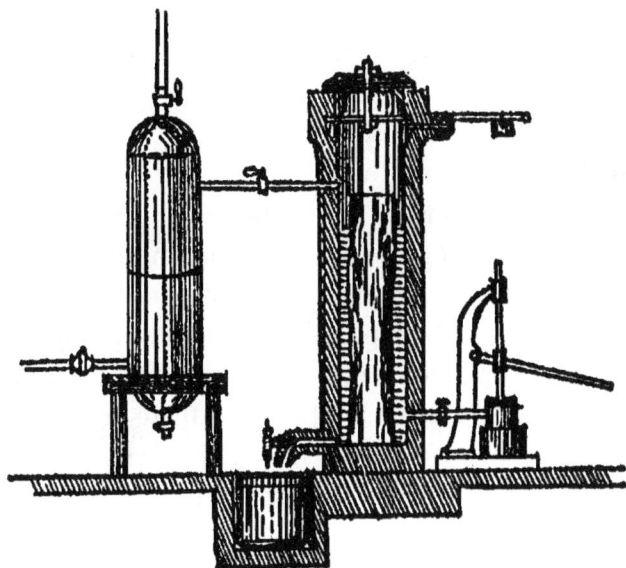

Fig. 3 — Appareil Bréant.

PROCÉDÉS D'INJECTION DU SULFATE DE CUIVRE DANS LES BOIS. — *Procédé d'injection en vase clos.* — Un des premiers appareils qui a été construit à cet effet est l'appareil de Bréant.

On plaçait, après les avoir équarries, les pièces préparées dans un cylindre métallique, au sein même de la dissolution à injecter. On obtenait ensuite dans ce cylindre une pression de 10 atmosphères en y introduisant de nouvelles quantités de liquide au moyen d'une pompe foulante. La dissolution était alors refoulée dans l'intérieur de l'arbre par suite de la réduction du volume des gaz.

Appareil Legé et Fleury Pironnel. — Cet appareil est destiné à l'injection de sulfate de cuivre dans les bois.

L'appareil se compose essentiellement d'un cylindre en cuivre de 12 mètres de long et de 1^{m}60 de diamètre. A ce cylindre est adjoint une locomobile servant de générateur pour la vapeur et servant aussi à mettre en mouvement les pompes à air et à injection.

Quand le cylindre est chargé de bois on fait passer pendant un certain temps qui varie de 25 minutes à trois heures un courant de vapeur d'eau pour échauffer les bois et chasser les gaz et l'air de l'appareil. Ces gaz en sortant, passent dans des serpentins noyés dans les cuves à sulfate de cuivre, et échauffent ainsi la dissolution. On fait ensuite le vide dans le cylindre et après dix ou quinze minutes de vide, la dissolution chaude de sulfate de cuivre est introduite dans le cylindre sous l'action de la pression atmosphérique. On obtient alors dans le cylindre une pression de 10 atmosphères en y envoyant de la solution de sulfate de cuivre au moyen d'une pompe foulante. L'opération est alors terminée. Le poids du sel ainsi fixé par mètre cube est compris entre 5 et 7^{k}80.

Procédé Boucherie basé sur le déplacement de la sève. — Le docteur Boucherie a d'abord employé un moyen reposant sur ce principe, que la sève peut entraîner le long des tubes capillaires des arbres les liquides mis en

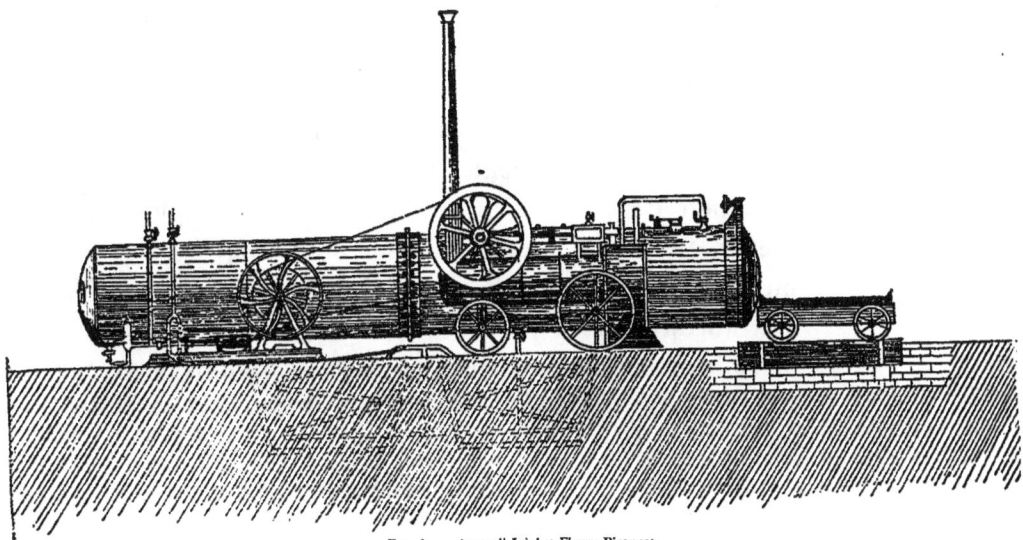

FIG. 4. — Appareil Légé et Fleury Pirounet

rapport direct avec elle. On n'a qu'à couper l'arbre au pied
et plonger celui-ci dans un bain de sulfate de cuivre.

En 1841, le docteur Boucherie a imaginé un autre mode
fondé sur le déplacement et l'expulsion de la sève au moyen
de la pression et de la filtration du liquide à injecter.

Les pièces de bois, après avoir reçu à chaque extrémité
un coup de scie pour en rafraîchir les surfaces, sont étendues parallèlement sous une légère inclinaison. On appli-
que sur la section du gros bout, qui sera la surface de
pénétration, un plateau en cœur de chêne, après avoir toutefois placé sur le pourtour de la surface une corde sèche
en étoupe de chanvre; on serre fortement le plateau contre
l'arbre et on l'y maintient à l'aide de crochets en fer. Il y a
donc de cette manière, un espace vide de quelques milli-
mètres qui sert à loger le liquide antiseptique qu'on veut
mettre en présence de la section tout entière du bois. Le
plateau est percé de part en part, d'une ouverture circulaire
dans laquelle on introduit de force l'extrémité d'un aju-
tage en bois dur ou « robiginole » qui transmet le liquide
qu'il reçoit de réservoirs placés à 8 ou 10 mètres de hauteur.

Lorsqu'on ouvre les robinets de ces réservoirs, la pesan-
teur du liquide pousse bientôt devant lui l'eau de végétation et les principes azotés qu'elle contient. Cette eau
s'écoule par un des bouts du tronc d'arbre et est rem-
placée par le liquide conservateur. L'opération est terminée
quand il ne sort plus du tronc que de la solution sulfatée,
au lieu et place de la sève.

L'administration des lignes télégraphiques est propriétaire
du procédé en ce qui concerne les poteaux destinés à son
service. La quantité exigée de sulfate de cuivre est de 1 kilo
par 100 kilos de bois, proportion qui ne doit pas être
dépassée de plus de 15 à 20 %.

Jusqu'en 1875, la Cie P.-L.-M. employait l'injection au

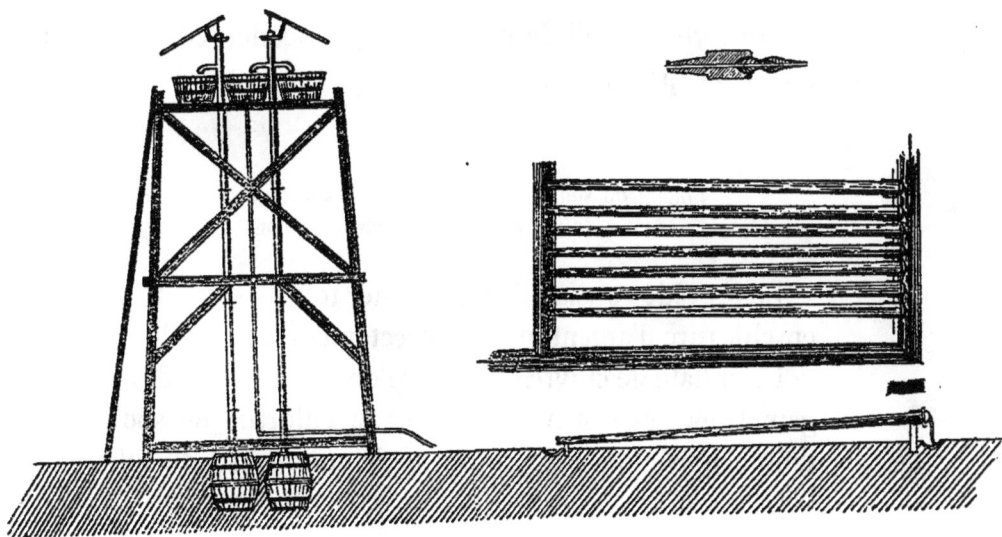

Fig. 5. — Procédé Boucherie.

(Réservoirs. — Poteaux disposés pour l'injection. — Robignole)

sulfate de cuivre. La Cie du Midi l'emploie encore aujourd'hui pour les traverses en pin des Landes. Elle utilise l'injection sous pression.On arrive ainsi à faire pénétrer environ 35 kilos de dissolution de sulfate de cuivre à 1,5 $^0/_0$ dans chaque traverse, ce qui correspond à 500 ou 600 grammes de SO^{4}Cu, 5H^{2}O.

Le prix du sulfate de cuivre étant de 60 fr. les 100 kilos, la dépense de sulfate par traverse est d'environ 0 fr. 35 à 0 fr. 40.

Compris les frais de préparation, l'injection coûte 0 fr. 60 à 0 fr. 80 par traverse.

Emploi du sulfate de cuivre pour l'extraction de l'argent de ses minerais, par amalgamation.

Le procédé consiste à transformer tout l'argent du minerai en chlorure d'argent qui est directement amalgable.

Le sulfate de cuivre est la base des divers procédés d'amalgamation. Par son mélange avec le chlorure de sodium, il donne naissance à du chlorure de cuivre et à du sulfate de soude.

$$CuSO^4 + 2Nacl = Na^2SO^4 + CuCl^2$$

Le chlorure de cuivre, ainsi formé, agit comme réactif chlorurant sur le plomb, le cuivre et les autres métaux communs et aussi sur le mercure, en se transformant lui-même en sous-chlorure CuCl ou en cuivre métallique. Il attaque également les sulfures de ces métaux et les sulfures d'or et d'argent, en mettant le soufre en liberté et en chlorurant l'argent.

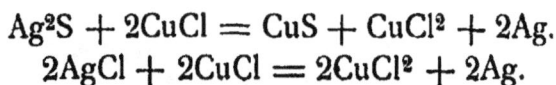

$$Ag^2S + 2CuCl = CuS + CuCl^2 + 2Ag.$$
$$2AgCl + 2CuCl = 2CuCl^2 + 2Ag.$$

Dans ces réactions, les métaux précieux sont donc ramenés à l'état métallique, tandis que le chlorure de cuivre est régénéré.

Mais ce composé, réagissant sur le sulfure de cuivre, donne :

$$CuCl^2 + CuS = 2CuCl + S$$

On a en définitive, comme résidu de l'attaque, du chlorure de cuivre CuCl et du soufre mélangés aux métaux précieux.

Traitement au « patio ». — Au Chili et au Mexique, on fait l'amalgamation à froid. On étend le minerai pulvérisé sur une aire plane, après l'avoir additionné de sel marin, et l'on fait piétiner le tout par des mules. Au bout de quelque temps, on ajoute du sulfate de cuivre ou même du magistral (mélange de sulfate de cuivre et de fer) et l'on continue à faire piétiner les mules.

Le sulfate de cuivre agit alors comme nous venons de voir. On ajoute ensuite du mercure, qui déplace l'argent, et se transforme partiellement en chlorure, tandis qu'une autre partie de ce métal forme, avec l'argent libre, un amalgame. Lorsque l'on juge l'opération terminée, on lave à grande eau et il reste un amalgame que l'on distille.

CHAPITRE VI

EMPLOI DU SULFATE DE CUIVRE
EN AGRICULTURE

L'acétate de cuivre ayant des usages analogues en agriculture, nous verrons dans une seule et même partie de ce mémoire, l'emploi du sulfate et de l'acétate de cuivre en agriculture.

———

CHAPITRE VII

USAGES DU SULFATE DE CUIVRE EN MÉDECINE ET MÉDECINE VÉTÉRINAIRE

Le sulfate de cuivre possède des propriétés thérapeutiques assez nombreuses. Outre que c'est un bon antiseptique, c'est un antispasmodique, un fébrifuge, un astringent. Il peut être utilisé comme vomitif et comme caustique. Il est la base de plusieurs collyres, entre autres : le collyre astringent résolutif (Debreyne).

Sulfate de cuivre..................	1 gramme.
Eau de rose distillée	130 —
Sulfate de morphine	0 gr. 10.

le collyre contre conjonctivite chronique (Sickel).

Sulfate de cuivre..................	0 gr. 05.
Eau distillée.....................	10 grammes.
Laudanum de Sydenham...........	6 gouttes.

Une solution de sulfate de cuivre 1 gramme $^0/_0$ peut être utilisée pour la conjonctivite granuleuse.

Le sulfate de cuivre peut être la base de solutions désinfectantes : telle la formule de Salomon (1).

Chlorure de calcium	1	gramme.
Sulfate de cuivre	2	—
Sublimé	1	—
Acide tartrique	5	—
Eau distillée	1	litre.

Cette solution peut être employée pour le lavage des linges, des appartements, pour la désinfection des mains, des déjections des malades dans les cas de fièvre typhoïde, de diphtérie, de scarlatine, de variole et de choléra.

Le sulfate de cuivre est employé pour combattre le piétin qui est une affection du pied des bêtes à laine. Le sulfate de cuivre finement pulvérisé est appliqué sur la partie malade.

Une solution à 3 $^0/_0$ de SO^4Cu5H^2O est employée efficacement pour la désinfection du sol des écuries et bergeries.

ACTION TOXIQUE DU SULFATE DE CUIVRE. — La toxicité du sulfate de cuivre et des sels de cuivre en général a été admise pendant longtemps sans être contestée. Depuis, cette manière de voir a été mise en doute. M. Galippe (2) prétend impossible l'empoisonnement par ces substances. Il a fait des expériences sur des chiens auxquels il donnait de l'acétate neutre, de l'acétate basique et du sulfate de cuivre mélangés aux aliments ; un seul des chiens a succombé.

Il conclut de ses expériences que l'empoisonnement aigu est impossible, parce que la « tolérance » s'établit trop facilement. Cependant, il l'admet dans les cas de suicide, parce que, en temps ordinaire, la saveur horrible des composés du

(1) Formulaire « Magistre ».
(2) Thèse. Paris, 1875.

cuivre s'oppose à leur ingestion et les vomissements qui surviennent rejettent la plus grande partie du poison.

Il est difficile de préciser la dose de sulfate de cuivre qui peut amener la mort. La médecine emploie ce sel à la dose de 5 à 6 décigrammes comme vomitif, et MM. Lévi et Barduzzi ont remarqué que des doses progressives de 15 centigrammes à 1 et 2 grammes, administrées à des chiens, non seulement n'ont pas incommodé ces animaux, mais, bien mieux, ont amélioré leur nutrition.

En résumé le sulfate de cuivre, s'il est toxique n'est vénéneux qu'à doses massives; d'après M. Galippe les acétates de cuivre ne seraient pas plus toxiques que le sulfate.

Symptômes de l'intoxication aiguë. — Une saveur styptique nauséeuse se fait d'abord sentir et s'accompagne d'expulsions continuelles; puis elle est suivie bientôt de vomissements verdâtres et de selles de la même couleur. Il survient de la céphalagie et des coliques violentes et persistantes. Les mouvements du cœur et la respiration se ralentissent.

Symptômes d'intoxication lente. — La peau et les cheveux présentent une coloration verte, les gencives sont rétractées et présentent un liseré rouge pourpre. Les selles sont diarrhéiques et de couleur verte.

TRAITEMENT. — Dans le cas d'intoxication aiguë on favorise les vomissements et les selles par des agents appropriés : boissons tièdes, lavements émollients.

Comme antidote, l'albumine donne de bons résultats. Le ferrocyanure de potassium a été préconisé parce qu'il donne avec les sels de cuivre un ferrocyanure insoluble. Marcelin Duval a aussi proposé le sucre.

Le cuivre se trouve normalement dans les organismes vivants.

Suivant M. Galippe, le cuivre existe normalement dans une foule de produits naturels ou artificiels.

Blé..............	cuivre par kilog....	0 005	à 0,010
Seigle...........	—	.... 0 005	
Avoine..........	—	 0,0085	
Orge	—	.... 0.0105	
Riz	—	 0,00010	
Son (moyenne)..	—	.... 0.014	
Farine (moyenne)	—	.... 0.0084	
Pain....	—	 0,0043	
Cacao (naturel)..	—	 0,01	à 0,02
Cacao (torréfié)..	—	 0,014	à 0,017
Chocolat	—	 0,006	à 0,020

A la suite de traitements contre le mildew, le vin provenant de vignes sulfatées, ne contient en moyenne que 0.10^{mmgr} de cuivre. Cette dose comparable à celles contenues par les produits précités ne peut en aucune façon nuire à la santé (1).

———

(1) RABUTEAU, *Toxicologie.*
CHAPUIS, *Toxicologie et Chimie physiologique.*

DEUXIÈME PARTIE

ACÉTATE DE CUIVRE

On trouve dans le commerce deux acétates de cuivre.

1° L'acétate neutre ou verdet cristallisé dont la formule est :

$$(CH^3COO)^2Cu \ H^2O$$

2° L'acétate basique :

$$(CH^3COO)^2 \ Cu(OH)^2 \ 5H^2O$$

CHAPITRE PREMIER

PROPRIÉTÉS DE L'ACÉTATE DE CUIVRE

ACTION DE LA CHALEUR. — Par l'action de la chaleur sur l'acétate de cuivre, il commence à se former vers 115° un liquide; puis vers 150°-165°, la surface du sel se couvre de taches de cuivre et vers 230° un sublimé se dépose dans les parties les plus froides tandis qu'en même temps se produit un dégagement gazeux. Les gaz débarrassés par lavage de toute trace d'acide acétique ont été reconnus comme étant un mélange de gaz carbonique et d'oxyde de carbone dans les proportions de 4 à 1 (1).

Les produits liquides sont composés d'eau, d'acide acétique et d'une trace seulement d'acétone. L'analyse du sublimé indique qu'on est en présence d'acétate cuivreux. Quant au résidu de la décomposition qui consiste en poudre d'un noir brunâtre et qui correspond au tiers à peu près du sel employé, il est d'autant moins abondant que le sublimé l'est davantage. Il est formé de cuivre métallique et d'une matière charbonneuse de formule brute $C^{11}H^{1}O^{4}$ ou $C^{11}O^{2}$ si on admet que tout l'H s'y trouve à l'état d'eau qu'on voit se former un peu avant que la combustion commence.

ACTION DE L'ANHYDRIDE SULFUREUX SUR L'ACÉTATE DE CUIVRE (2). — Quand on fait passer un courant lent d'anhydride sulfureux dans une dissolution d'acétate de cuivre, on voit d'abord la liqueur se colorer en vert émeraude, il se dépose ensuite un léger précipité floconneux jaune verdâtre. Ce précipité se dissout dans un excès d'acide sulfureux.

On obtient alors par l'évaporation de l'acide sulfureux libre, un sel cristallisé d'un rouge grenat plus ou moins foncé suivant son état de division. Ce composé qui ne se redissout plus dans l'eau chargée d'acide sulfureux est le sel rouge décrit par Chevreul et qui, selon Rammelsberg, est un sulfite cuivrosocuivrique ayant pour formule :

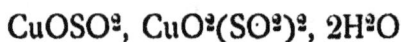

$$CuOSO^{2}, CuO^{2}(SO^{2})^{2}, 2H^{2}O$$

Le sel jaune mentionné par Vogel comme hydrate cuivreux, serait un nouveau sulfite cuivrosocuivrique. L'acide

(1) ANGEL et HARCOURT, Bul. soc. chim., 1903.
(2) An. ch. ph., XXVIII, 80.

chlorhydrique le dissout en dégageant de l'anhydride sulfureux et il y a formation de chlorure cuivrique et cuivreux.

La formule de ce sel serait :

$$CuOSO^2, CuO^2(SO^2)^2 \ 5H^2O$$

l'analyse fournit les résultats suivants exprimés en centièmes.

	Calculé.	Trouvé.
Cu	43,17	43,42 — 43,31
SO²	29,09	28,70 — 29,16
H²O	20,45	20,16 —

Action de l'ammoniaque (1). — Quand on ajoute un excès d'ammoniaque à une solution d'acétate de cuivre on obtient une liqueur bleu foncé. Si on évapore au bain-marie cette solution, il se forme des cristaux rhomboïdaux d'un beau violet, formés d'acétate de cuivre ammoniacal.

L'acétate de cuivre a du reste de la tendance à absorber plus de deux molécules d'ammoniac. Si l'on soumet à l'action du gaz ammoniac sec l'acétate de cuivre pulvérisé et desséché, ou mieux l'acétate à deux molécules d'ammoniaque, on voit la masse s'échauffer notablement, surtout dans le premier cas, se colorer en bleu pur et augmenter de poids.

On obtiendrait ainsi un composé qui correspondrait à la formule :

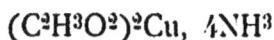

$$(C^2H^3O^2)^2Cu, \ 4NH^3$$

Ce composé est très instable à l'air et commence déjà à se dissocier à la température ordinaire.

(1) *Bul. soc. ch.*, 10-422.

7

ACÉTATE DE CUIVRE ET PYRIDINE. — Une solution aqueuse ou alcoolique d'acétate de cuivre se colore en bleu pur en présence de la pyridine.

Par évaporation, on obtient des tables hexagonales ou prismes raccourcis vert émeraude très brillants, du sel :

$$(C^2H^3O^2)^2Cu, \ C^5H^5Az$$

Trituré au contact d'un excès de pyridine, l'acétate de cuivre finement pulvérisé, absorbe celle-ci en fournissant un sel bleu.

$$(C^2H^3O^2)^2Cu \ 4C^5H^5Az$$

ACTION DE L'HYDROXYLAMINE. — Une solution ammoniacale d'acétate cuivrique est décolorée par l'hydroxylamine ; si on ajoute alors un excès d'acide acétique, il se précipite de l'acétate cuivreux ammoniacal.

ACTION DE L'ACÉTATE DE CUIVRE SUR le β naphtol. — Si a une solution obtenue en dissolvant 20 grammes de β naphtol dans de l'eau bouillante, on ajoute à l'ébullition et par petites portions 20 grammes d'acétate de cuivre, des flocons de binaphtol se séparent et de l'oxydule de cuivre se précipite.

En ajoutant un peu d'ammoniaque pour saturer l'acide acétique mis en liberté, on favorise l'oxydation, il se forme une nouvelle quantité de binaphtol.

ACTION DES MÉTAUX SUR LA SOLUTION D'ACÉTATE DE CUIVRE. — Le plomb déplace le cuivre de l'acétate de cuivre. L'étain ne donne rien. L'aluminium le déplace lentement. Le fer pur ne donne rien; mais le fer du commerce précipite le cuivre. C'est donc sous l'influence des impuretés contenues dans le fer du commerce que celui-ci devient capable de précipiter le cuivre de l'acétate de cuivre.

CHAPITRE II

FABRICATION INDUSTRIELLE DE L'ACÉTATE DE CUIVRE NEUTRE
ET DE L'ACÉTATE DE CUIVRE BASIQUE

USAGES

FABRICATION DE L'ACÉTATE NEUTRE. — On fabrique l'acétate de cuivre neutre en traitant le sulfate de cuivre par l'acétate de soude. Il y a double déplacement conformément à la réaction suivante :

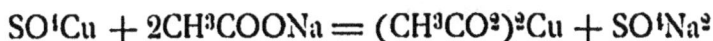

$$SO^4Cu + 2CH^3COONa = (CH^3CO^2)^2Cu + SO^4Na^2$$

Il y a formation de sulfate de soude et d'acétate de cuivre.

On sépare l'acétate de cuivre du sulfate de soude par cristallisations successives.

Au lieu d'employer l'acétate de soude, on peut se servir d'acétate de chaux.

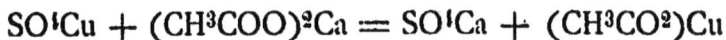

$$SO^4Cu + (CH^3COO)^2Ca = SO^4Ca + (CH^3CO^2)Cu$$

Il se forme du sulfate de chaux peu soluble à froid. On peut ainsi séparer plus facilement l'acétate de cuivre.

Un autre procédé est décrit dans un brevet Gutensohn (2 octobre 1898). — Pour obtenir rapidement des cristaux purs d'acétate de cuivre, on fond du vitriol bleu et du carbonate de soude dans leur eau de cristallisation. On mélange ces deux solutions ; il y a formation de sulfate de soude que l'on extrait par lixiviation. Il reste un résidu de carbonate de cuivre. Ce carbonate de cuivre est dissous dans de l'acide acétique chaud et la liqueur d'acétate est mise à cristalliser par refroidissement lent dans des vases de grès.

FABRICATION DE L'ACÉTATE BASIQUE DE CUIVRE. — La fabrication de l'acétate de cuivre basique est une industrie essentiellement montpelliéraine.

Autrefois, on fabriquait à Montpellier le verdet en recouvrant des plaques de cuivre (ordinairement d'anciennes plaques de blindage de navire, coupées en rectangle) de marc de raisin mouillé et en les exposant ainsi à l'air. Le marc s'aigrissait et l'acide acétique formé réagissait sur les plaques de cuivre qui, au bout d'un certain temps, étaient recouvertes d'une couche très adhérente de verdet basique. On les râclait pour détacher le verdet, ceci explique pourquoi il y avait toujours un peu de cuivre mélangé. Les plaques servaient ainsi jusqu'à complète transformation du cuivre en acétate basique.

Le procédé a subi depuis une série de perfectionnements. On a d'abord remplacé le marc de raisin par de fortes toiles que l'on imprégnait d'acide acétique dilué. On recouvrait les plaques de cuivre avec ces toiles et on exposait le tout à l'action de l'air.

Mais ce procédé avait encore l'inconvénient de nécessiter des plaques de cuivre d'une forme déterminée, ce qui constitue une dépense.

Aujourd'hui, la difficulté a été tournée. Dans des bacs plats et disposés en cascade, on met toute sorte de déchets de cuivre. Puis on fait arriver par la partie élevée une solution d'acide acétique à un titre déterminé. Cette solution tombe doucement d'un bac dans l'autre et en bas elle est recueillie dans une cuve. Les débris de cuivre se couvrent ainsi d'une légère couche d'acide acétique que l'on laisse alors agir à l'air. Il se forme ainsi de l'acétate basique.

On fait passer plusieurs fois la liqueur acétique ramenée toujours au même titre sur ces débris de cuivre. On arrête l'opération quand on juge que la couche de verdet basique déposée sur le cuivre est suffisante. Ce verdet est beaucoup moins adhérent au cuivre que celui qui se produit sous l'action du marc ; pour l'en séparer, on agite fortement ce cuivre attaqué dans de grands bacs pleins d'eau. Le verdet se détache et reste en suspension dans l'eau. On fait alors passer cette eau dans des filtre-presses qui retiennent le verdet et d'où on le sort sous forme de galettes. L'eau filtrée retourne en fabrication et sert à faire de nouvelles solutions acétiques.

— Un autre procédé de fabrication de l'acétate basique est décrit dans un brevet anglais pris en 1898. — On prépare par double décomposition un carbonate plus ou moins basique de cuivre au moyen de sulfate de cuivre et de sel de soude ou de magnésie carbonatée ou calcinée. On lave soigneusement et on extrait par concentration le sel de Glauber.

Le sel cuivrique insoluble est repris par l'acide acétique dilué. L'acétate basique formé est abandonné dans des vases de terre plats où il cristallise.

USAGES DU VERDET. — Le verdet peut être employé dans l'injection des bois. En teinture, il donne, avec les matières colorantes naturelles, certaines couleurs analogues à celles données par le sulfate de cuivre. Il est la base de fabrication du vert de Schweinfurt. Il entre dans la composition de mélanges destinés à faire des réserves en blanc pour la teinture à l'indigo en cuve froide.

Le verdet est très employé en Russie pour recouvrir les murs et les boiseries des bâtiments d'un enduit protecteur contre les agents extérieurs et pour empêcher le développement dans ces murs de moisissures qui, sans cela, croîtraient rapidement. Enfin, le verdet est employé en agriculture pour combattre les maladies de la vigne. Nous reviendrons sur cet usage particulier dans la troisième partie de ce mémoire.

TROISIÈME PARTIE

EMPLOI

DU SULFATE ET DE L'ACÉTATE

DE CUIVRE EN AGRICULTURE

———

CHAPITRE PREMIER

USAGES EN VITICULTURE

C'est pour lutter contre le mildew que l'on se sert en viticulture du sulfate et de l'acétate de cuivre. Le mildew est dû au développement, sur les feuilles de la vigne et les raisins, d'une espèce de champignon : le « péronospora viticola ».

Il se manifeste sur les feuilles par des taches blanches, de formes assez irrégulières, qui se montrent sur leur face inférieure et qui ressemblent à des efflorescences salines. A la face supérieure correspondent des taches jaunâtres qui prennent peu à peu la teinte de feuille morte. Le mildew s'attaque également aux grappes. Quand celles-ci

sont très jeunes on voit parfois les efflorescences du mildew
se montrer surtout sur les pédicelles près du réceptable flo-
ral; ces pédicelles noircissent et se dessèchent, les fleurs
avortent et tombent. Si la maladie attaque les grains quand

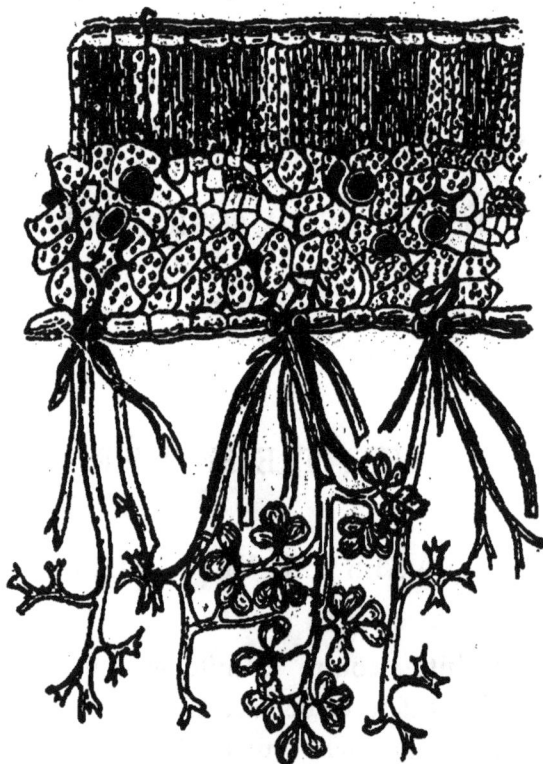

FIG. 6. — Peronospora viticola.

ils arrivent à maturation, les grains atteints prennent une
coloration rouge brun, la pulpe en devient brune et pourrit.

Il paraît certain que le mildew est d'origine américaine, il
n'avait été signalé nulle part en Europe jusqu'en 1879.

C'est Millardet qui a établi expérimentalement le principe
des traitements de la vigne par les sels de cuivre.

C'est, dit-il, en 1882, que je fus témoins pour la première fois de l'action favorable qu'exerce sur le mildew le mélange de sulfate de cuivre et de chaux employé de temps immémorial en Médoc pour empêcher la maraude. Il me sembla que l'agent réellement actif dans ce mélange devait être le cuivre quoique ce métal y fût en un état presque insoluble.

En 1886, aidé de M. Gayon, Millardet expliquait ainsi le rôle de la bouillie cuprique à la chaux.

M. Gayon avait constaté que le cuivre qui se trouve à l'état d'hydrate dans le mélange était dissous en petite quantité par l'eau chargée d'acide carbonique; Millardet en conclut que les gouttelettes du mélange cuprocalcique, disséminées sur les feuilles, fonctionnent donc comme de véritables réservoirs d'oxyde de cuivre, lesquels pendant des semaines conservent ce dernier à l'abri de leur croûte calcaire et fournissent à l'eau de la rosée et de la pluie contenant toujours de certaines quantités de carbonates d'ammoniaque et d'acide carbonique dissous, la minime quantité de cuivre nécessaire pour enrayer le développement des conidies que le vent dépose sur les feuilles.

La chaux semble donc jouer le triple rôle suivant : « Au moment de l'aspersion, elle agit comme un mordant énergique qui détermine l'adhérence intime du mélange préservateur à la feuille. Pendant quelques jours, elle est capable de tuer les conidies et les zoospores par la causticité de la solution dans l'eau de pluie ou de rosée. Enfin lorsqu'elle s'est transformée en carbonate, elle sert à la préservation de sa petite provision de cuivre. »

Ainsi à cette époque l'efficacité des sels de cuivre dans la lutte contre le mildew était démontrée et dès lors de tous côtés on s'ingéniait à trouver des bouillies mieux agissantes et d'une action de longue durée.

DES BOUILLIES

Bouillie bordelaise. — La bouillie bordelaise est la plus ancienne qui ait été utilisée.

On a donné de nombreuses formules de préparation qui peuvent se ramener toutes à trois types de bouillies bien déterminées : bouillie acide, bouillie neutre, bouillie basique.

Des matériaux nécessaires à la fabrication de la bouillie bordelaise. — Il faut, avons-nous dit, du sulfate de cuivre et de la chaux.

Partout on peut se procurer du bon sulfate de cuivre ; il n'en est toujours pas de même pour la chaux. La meilleure chaux, pour faire la bouillie bordelaise, est incontestablement la chaux grasse de bonne qualité. Dans certaines régions, il est difficile d'avoir de la bonne chaux grasse et beaucoup de viticulteurs emploient de la chaux hydraulique, mais la bouillie ainsi faite a des chances d'être lourde.

De la fabrication de la bouillie. — On fait d'abord dissoudre le sulfate de cuivre (1 k. 500 à 3 kilos) dans 80 litres d'eau et c'est dans cette solution que l'on verse le lait de chaux fait avec 10 à 12 litres d'eau et la quantité de chaux nécessaire (700 à 1.000 grammes).

Un meilleur procédé serait, pour obtenir une bouillie légère, de faire dissoudre le sulfate de cuivre dans 50 litres d'eau et de faire un lait de chaux de 50 litres également. Puis on opère le mélange en versant en même temps, dans le récipient où se fabrique la bouillie, des quantités égales des deux liquides. On termine l'opération en brassant pendant quelques instants.

Bouillie bordelaise basique. — Il suffira en général de 500 grammes de chaux par kilo de sulfate de cuivre pour obtenir une bouillie franchement basique.

Les proportions généralement employées dans ce cas sont :

Sulfate de cuivre................	2 kilos.
Chaux grasse..................	0 k. 950.
Eau........................	100 litres.

Bouillie bordelaise neutre. — Après avoir fait dissoudre comme précédemment 2 kilos de sulfate de cuivre dans 50 litres d'eau, on ajoute peu à peu le lait de chaux très étendu en agitant constamment et l'on arrête dès que le papier de tournesol rouge, mis en contact avec la bouillie, devient bleu.

On peut employer aussi des chaux dosées que l'on trouve dans le commerce et qui permettent d'atteindre à coup sûr la neutralité de la bouillie.

Bouillie bordelaise acide. — Sa fabrication consiste à ajouter tout simplement à une bouillie neutre 200 à 250 grammes de sulfate de cuivre, mais l'emploi de cette bouillie acide demande beaucoup de précautions si l'on veut éviter toute brûlure des feuilles.

En somme, les avis sont très différents quant au degré de concentration des bouillies et aux proportions de chaux et de sulfate de cuivre. Pickering (1) a essayé de trouver une base scientifique pour établir ces proportions. D'après lui, les substances formées par addition de chaux à la solution

(1) *Chem. Soc.*, t. 91, p. 1888-1007.

de sulfate de cuivre dépendent des proportions de chaux employées et peuvent être :

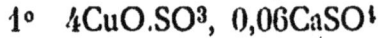

1° $4CuO.SO^3$, $0,06CaSO^4$

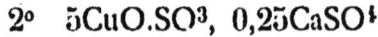

2° $5CuO.SO^3$, $0,25CaSO^4$

3° $10CuO.SO^3$, $1,3CaSO^4$

4° $10CuO.SO^3$, $4CaSO^4$

et peut-être :

5° $10CuO.SO^3$, $10CaOSO^3$

ou :

6° $CuO. 3CaO.$

Le corps que l'on rencontre le plus fréquemment serait le quatrième.

Or l'action de la bouillie bordelaise paraît dépendre de la mise en liberté du sulfate de cuivre normal par action de l'acide carbonique sur le sulfate basique ; cette action n'apparaît qu'après un certain laps de temps, le sulfate basique de calcium devant être décomposé avant que le sulfate basique de cuivre soit attaqué. En employant seulement la quantité de chaux suffisante pour former le corps

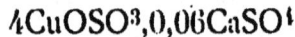

$$4CuOSO^3,0,06CaSO^4$$

la présence du sulfate basique de calcium et par suite le retard qu'elle apporte à cette action, sont évités. La valeur toxique du mélange serait deux fois et demie plus grande que lorsqu'il est composé du corps $10CuO.SO^3$ $4CaO.SO^3$.

Pour obtenir le sulfate basique $4CuOSO^3$ $0,06CaSO^4$, 1 gramme de sulfate de cuivre mis en dissolution doit être précipité par 134^{cm3} d'eau de chaux. Ce mélange est plus actif que la bouillie bordelaise normale, faite avec plus du double de cette quantité de sulfate de cuivre précipité par un lait de chaux en excès.

Ceci revient donc à dire que les bouillies acides sont plus actives que les bouillies neutres et par conséquent que les bouillies basiques. Mais celle-ci ont l'inconvénient d'exiger dans leur confection une grande attention car on risque avec elles de brûler les feuilles. Cet accident arrive d'ailleurs assez souvent malgré toutes les précautions prises.

EAU CÉLESTE. — L'eau céleste fut préconisée en 1886 par M. Audoynaud. On faisait dissoudre 1 kilogramme de sulfate de cuivre dans 3 litres d'eau chaude et après refroidissement on ajoutait 1ᵐˡⁱᵗ5 d'ammoniaque du commerce à 22° Baumé. On portait ce liquide à 200 litres. Mais il est survenu avec ce traitement de nombreux cas de brûlure et actuellement l'eau céleste est généralement délaissée.

BOUILLIE BOURGUIGNONNE. — La bouillie bourguignonne a été proposée par M. Masson en 1887. Sa préparation repose sur la réaction du carbonate de soude sur le sulfate de cuivre. Comme pour la bouillie bordelaise, il existe des bouillies bourguignonnes, basiques, neutres et acides.

Bouillie basique. — La bouillie bourguignonne basique est faite avec un excès de carbonate de soude. Cette bouillie est lourde et peu employée.

Bouillie neutre. — On la prépare en faisant dissoudre séparément, en dissolutions étendues comme nous l'indiquons plus haut pour la bouillie bordelaise :

Sulfate de cuivre............ 2 kilog.
Carbonate de soude Solway.... 0,900 grammes.
Eau .... 100 litres.

Ces chiffres ne sont qu'une approximation car les produits commerciaux tant le sulfate de cuivre que le carbonate de soude, ne sont jamais purs.

Bouillie acide. — Dans ce cas on s'arrange pour avoir en liberté environ 200 grammes de sulfate de cuivre pour 100 litres de bouillie

On emploie une solution ainsi composée :

Sulfate de cuivre............	2 kilos.
Carbonate de soude Solway....	0 k. 850.
Eau......................	100 litres.

VERDETS. — Les bouillies, avons-nous dit, doivent leur efficacité à leur teneur en cuivre ; on a alors pensé à l'emploi du verdet pour combattre le mildew.

Il faut distinguer :

1º Le verdet gris qui ne se dissout pas dans l'eau, mais qui s'y délaie. On le met en digestion dans l'eau deux jours d'avance, en agitant de temps en temps. Le verdet se conserve très longtemps dans l'eau, sans perdre sa légèreté.

2º Le verdet neutre qui est soluble dans l'eau et sa préparation est par conséquent des plus simples.

Les verdets sont très riches en cuivre, il en faut moins que de sulfate de cuivre.

On emploiera par exemple par hectolitre d'eau :

Verdet gris................	1 k. 500.
Verdet neutre.............	1 k. 200.

BOUILLIE AU SAVON. — Par suite de conditions atmosphériques particulièrement favorables au développement du mildew, on dut enregistrer de nombreux insuccès. On accusa les bouillies ordinaires de n'être pas suffisamment mouillantes.

M. Lavergne, un des premiers, indiqua une bouillie au savon de composition suivante :

Sulfate de cuivre.............	500 grammes.
Savon	1.000 —
Eau	100 litres.

Cette bouillie est très adhérente, mais elle est peu mouillante.

M. Ravaz, le premier, a indiqué un procédé, vraiment pratique pour rendre les bouillies cupriques mouillantes, consistant à ajouter à une bouillie bordelaise ou bourguignonne du savon jusqu'à ce que des grappes ou des feuilles trempées dans le mélange soient nettement mouillées.

MM. Vermorel et F. Dantony ont repris ces expériences (1). Ils ont constaté en premier lieu que la valeur des bouillies au savon varie beaucoup avec la manière de les faire. C'est avec une bouillie bourguignonne de la composition suivante qu'ils ont opéré :

1° 2 kilos de sulfate de cuivre dans 50 litres d'eau.

2° 2 kilos de carbonate de soude dans 50 litres d'eau.

Cette bouillie est nettement basique.

Première façon d'opérer. — Bouillie A. — Si l'on verse d'un seul coup la solution de carbonate de soude dans le sulfate de cuivre, il se forme un précipité, mais on ne constate pas de dégagement d'acide carbonique. Celui-ci réagit sur le sel de cuivre, de sorte qu'il y a formation d'hydrocarbonate de cuivre insoluble et de bicarbonate de cuivre soluble.

(1) C. R., 1911.

Deuxième façon d'opérer. — Bouillie B. — Si, au contraire, on verse le carbonate de soude doucement, du gaz carbonique se dégage et il y a formation d'hydrocarbonate de cuivre et il reste du carbonate de soude en excès.

Si, maintenant, on ajoute à la bouillie A 1 kilo de savon exempt de carbonate et d'alcali et très riche en oléate de soude, la tension superficielle du mélange est telle que 5^{cm3} fournissent 85 gouttes avec un compte-gouttes donnant 66 gouttes pour 5^{cm3} d'eau distillée. Cette tension superficielle ne varie pas avec le temps. Pour avoir la même tension superficielle, il suffit d'ajouter 100 grammes de savon à la bouillie B, mais la tension superficielle de cette bouillie varie avec le temps.

La bouillie B, additionnée de 1.000 grammes de savon, donne 151 gouttes immédiatement après la préparation et 139 gouttes 20 minutes après; 1 heure après, elle donne 125 gouttes seulement ; 3 heures après, 113 ; 6 heures après, 109, Elle tend vers la limite de 85 gouttes donnée par la bouillie A.

Si, au lieu d'employer une bouillie basique, on emploie une bouillie neutre, la façon de fabriquer la bouillie n'a plus aucun effet. Pour obtenir le même pouvoir mouillant avec cette bouillie qu'avec la bouillie B, il faut employer une plus grande quantité de savon. De plus, son pouvoir mouillant diminue très rapidement.

Mais ces bouillies à faible tension superficielle, tenant en suspension un précipité d'hydrocarbonate de cuivre, sont peu légères.

MM. Vermorel et Dantony à la suite de recherches faites pour trouver un remède à cet inconvénient, ont donné le moyen d'obtenir une bouillie contenant des savons de cuivre à l'état colloïdal.

Cette bouillie se prépare de la façon suivante :

1° Dissoudre 500 grammes de sulfate de cuivre dans 50 litres d'eau.

2° Dissoudre 2000 grammes de savon exempt d'alcali dans 50 litres d'eau, et à l'inverse de ce que l'on a toujours fait jusqu'ici, verser la solution cuprique dans la solution savonneuse.

On obtient ainsi un liquide bleu verdâtre d'une tension superficielle aussi faible que celle des bouillies ordinaires et très mouillante par conséquent.

Cette formule s'entend pour les eaux de pluie, mais avec l'eau ordinaire il faut augmenter la dose de savon. Il se précipite, en effet, avec les eaux en général très calcaires de la région du Midi de la France, des savons de chaux souvent grumeleux qui encrassent les appareils.

BOUILLIE AU PERMANGANATE DE POTASSE. — Divers expérimentateurs, M. Masson en 1897, MM. Truchat et Dussert, en 1898, se sont bien trouvés d'une addition de permanganate de potasse à la bouillie bourguignonne.

Ces bouillies se préparent absolument comme d'habitude.

Le procédé consiste simplement à y ajouter, en brassant, après qu'elles sont faites, de 25 à 50 grammes de permanganate de potasse dissous dans un litre d'eau, par hectolitre de bouillie.

BOUILLIES MIXTES. — Il faut pour qu'une bouillie soit efficace que le cuivre qui se trouve sur les organes de la vigne, soit à un état tel qu'il soit soluble dans l'eau de pluie ou de rosée. Par conséquent, quand on ajoute aux bouillies d'autres produits anticryptogamiques ou insecticides, il ne faut pas qu'il y ait de réactions insolubilisant les sels de cuivre.

8

Mais le nombre de traitements soit contre le mildew, l'oïdium, les insectes de toutes sortes croît tous les jours, il est évidemment tentant de les restreindre ; ceci réalisant une économie de temps et certainement une économie de main d'œuvre que l'on trouve difficilement et qui est chère.

Bouillies soufrées. — C'est pour cette raison d'économie de main d'œuvre que depuis quelques années, on préconise l'emploi de bouillies soufrées, destinées à combattre à la fois l'oïdium et le mildew.

Pur, le soufre s'incorpore mal aux liquides ; il faut le rendre mouillable, par une addition à l'eau dans laquelle on l'a versé, de 300 à 500 grammes de savon noir ou d'un peu d'alcool, de carbonate de soude, de colophane, de chaux ou de mélasse. C'est le lait de soufre qui est versé dans la bouillie bordelaise.

Mais dans cette préparation, une certaine quantité de cuivre s'immobilise en passant à l'état de sulfure et l'efficacité du soufre est moindre. Le soufre reste toujours en suspension et si son adhérence sur les organes de la vigne est augmentée celle de la bouillie est diminuée.

On a aussi employé à la place du soufre des sulfures alcalins ; mais les mêmes inconvénients que pour le soufre mouillable se retrouvent.

Ces bouillies ont cependant donné dans la pratique des résultats assez satisfaisants (1).

Pourtant il ne faudrait pas trop généraliser l'emploi de ces bouillies. En cas de fortes invasions d'oïdium, elles peuvent servir mais en temps ordinaire elles doivent être employées plutôt pour des traitements complémentaires.

(1) GUILLON, *Soc. Ag. de France*, juin 1905.

Bouillies mixtes insecticides. — Toujours pour économiser de la main d'œuvre, on a proposé d'ajouter aux bouillies cupriques des insecticides.

Contre l'altise on a employé les infusions de pyrèthre en mélange avec le verdet ou les bouillies cupriques à la dose de 1ᵏⁱˡ500 de pyrèthre par 100 litres de bouillie. Ce procédé est recommandable pour atteindre les larves qui n'apparaissent que sur les vignes déjà feuillées.

En émulsion dans la bouillie bordelaise, l'essence de térébenthine paraît aussi donner des résultats satisfaisants. La dose à employer serait de deux kilos de térébentine alcanisée par hectolitre de bouillie (1).

Il n'y a aucun inconvénient à ajouter aux bouillies de l'arseniate de soude, du jus de tabac, du formol; mais on ne doit pas ajouter des sels de plomb ou de baryte qui forment du sulfate de plomb ou de baryte insoluble. On pourra les employer seulement avec les solutions de verdet neutre.

En général, l'action toxique de ces insecticides paraît s'accroître bien souvent de la nocivité du sel de cuivre.

DES QUALITÉS COMPARÉES DES DIVERSES BOUILLIES. — Une bonne bouillie doit être : légère, adhérente et mouillante.

Légèreté. — Il est évident que de toutes les solutions cupriques ce sont celles qui ne tiennent pas en suspension de précipité qui sont les plus légères.

Solution de sulfate de cuivre.
Solution d'acétate neutre de cuivre.
Bouillie au savon de cuivre colloïdal.

Parmi les autres bouillies qui tiennent en suspension un précipité, les bouillies acides et neutres sont les plus légères.

(1) *Prog. agr.*, 16 avril 1800, p. 502.

Mais dans tous les cas, la légèreté d'une bouillie dépend beaucoup de la façon dont on la fait. Nous avons indiqué à propos de ces bouillies la façon d'opérer qui donne les meilleurs résultats.

D'ailleurs les bouillies récemment faites sont en général légères, mais elles perdent cette légèreté avec le temps. Le précipité s'agglomère et la répartition du cuivre sur les organes de la vigne devient alors très irrégulière.

Une bouillie bordelaise neutre, préparée au moment de s'en servir, donne à ce sujet pleine satisfaction.

Adhérence. — Nous nous en rapporterons à ce sujet aux travaux de MM. Guillon et Gouiraud (1).

« Ce qu'il importe surtout pour combattre les maladies cryptogamiques de la vigne, c'est moins une quantité élevée de sulfate de cuivre que la présence de ce sel sur la surface de tous les organes de la plante. Il en résulte donc que l'adhérence joue un rôle très important dans la lutte contre les parasites puisque c'est grâce à elle que la vigne peut se maintenir dans un état de constante défense. »

Ces auteurs ont d'abord étudié l'adhérence des bouillies cupriques sur des lames de verre lisse. Les expériences ont porté sur les liquides cupriques suivants :

A. — Bouillie bordelaise à 2 % de sulfate de cuivre et de la chaux en quantité suffisante pour la rendre légèrement alcaline.

B. — Même bouillie avec addition de 1 % de mélasse.

C. — Même bouillie avec addition de 0,3 % de gélatine.

D. — Bouillie bourguignonne à 2 % de sulfate de cuivre et 3 % de carbonate de soude.

E. — Bouillie à 2 % de sulfate de cuivre et 3 % de savon.

(1) C. R., 127, 254, 1898.

F. — Bouillie à 2 % de savon.

G. — Bouillie à 2 % de sulfate de cuivre et 3 % de carbonate de soude.

H. — Bouillie à 2 % de sulfate de cuivre et 3 % de carbonate d'ammoniaque.

I. — Eau céleste à 2 % de sulfate de cuivre avec addition d'ammoniaque en quantité suffisante pour la rendre légèrement alcaline

J. — Bouillie à 2 % de verdet gris.

K. — Solution à 2 % de verdet neutre.

Pour chacun de ces liquides, il était prélevé 10 ^{cm3} qui étaient disposés isolément par gouttelettes de 8 $^{m/m}$ de diamètre environ, sur des plaques de verre préalablement lavées à l'alcool. Ces plaques, séchées au soleil, étaient sou-

BOUILLIE	CUIVRE RESTÉ SUR LES PLAQUES DE VERRE		
	1° Immédiatement après préparation pour 100	2° 3 heures après pour 100	3° 24 heures après pour 100
A	92	90	82
B	74	66	56
C	90	89	86
D	80	74	0
E	80	72	0
F	92	82	36
G	76	»	64
H	72	»	traces
I	64	58	56
J	53,7	»	51,2
K	12,3	»	44,4

mises à une pluie artificielle où l'on était maître de la pression et du volume écoulé. Après un écoulement déterminé, la plaque était lavée à l'acide et le cuivre resté adhérent était dosé électrolytiquement.

Chaque liquide était expérimenté sur les plaques de verre:

1° immédiatement après sa préparation ;
2° trois heures après ;
3° vingt-quatre heures après.

Les mêmes plaques exposées à la pluie naturelle ont donné des résultats analogues.

NATURE DES BOUILLIES EMPLOYÉES		CUIVRE RESTÉ SUR LES FEUILLES	
		1° Immédiatement après préparation pour 100	2° 24 heures après pour 100
A	Bouillie bordelaise à 2 % alcaline	35,5	32,8
A'	— — — acide	33,7	»
B	Bouillie bordelaise à 1 % de mélasse....	28,5	29,8
C	— — . à 3 % de gélatine....	31,5	28,5
D	Bouillie bourguignonne à 2 % de carbonate de soude............	42,0	»
D'	Bouillie bourguignonne à 4 % de carbonate de soude....................	57,3	6,2
E	Bouillie à 2 % de bicarbonate de soude..	72 0	traces
E'	— à 4 % — —	26,6	»
F	— à 2 % de savon..............	89,1	»
F'	— à 3 % —	93,6	25,8
G	— à 3 % de carbonate de K	37,1	20,3
H	— à 3 % — de NH³....	30,5	traces
I	Eau céleste à 2 % d'ammoniaque......	16,0	»
I'	— à 3 % —	38,6	9,6
J	Bouillie à 2 % de verdet gris........	33,2	32,9
K	Solution à 2 % de verdet neutre........	12,7	12,7

Il résulte nettement de cette première observation que les bouillies sont d'autant moins adhérentes qu'elles sont plus anciennement préparées.

Les mêmes auteurs ont repris leurs expériences en remplaçant les plaques de verre par des feuilles de vigne.

Les gouttelettes de liquide étaient déposées sur des feuilles attenant au sarment. Les feuilles n'étaient détachées qu'au moment où elles étaient soumises à une pluie artificielle.

Chaque liquide était expérimenté sur les feuilles de vigne :

1° immédiatement après leur préparation ;
2° vingt-quatre heures après.

Il résulte de ce tableau comme du précédent que, d'une façon générale, les bouillies sont d'autant moins adhérentes qu'elles sont plus anciennement préparées.

Au point de vue de leur adhérence, on peut ainsi classer ces diverses bouillies :

1° bouillie au savon ;
2° — à 2 %, de bicarbonate de soude ;
3° — au carbonate de soude ;
4° — à la chaux et au carbonate de potasse ; eau céleste ; verdet gris;
5° — à la gélatine ;
6° — à la mélasse ;
7° verdet neutre.

Il résulte encore de cette étude que les bouillies sont d'autant plus adhérentes qu'elles se rapprochent de la neutralité.

On a essayé d'augmenter l'adhérence de ces bouillies en leur ajoutant diverses matières plus ou moins collantes et gluantes. M. J. Perraud (1) a fait à ce sujet une série de recherches avec les bouillies suivantes :

Nos D'ORDRE	COMPOSITION DES BOUILLIES
1	Bouillie à 2 % de SO^4Cu, $5H^2O$ légèrement alcalinisée à la chaux grasse.
2	— — — à 2 % de chaux grasse.
3	— — — légèrement alcalinisée à la chaux éteinte.
4	— No 1 avec 3 %/oo de sang desséché.
5	— — — de poudre de blanc d'œuf.
6	— — — de gomme adragante.
7	— — — de colle forte.
8	— — avec 5 %/oo d'amidon.
9	— — — de dextrine.
10	— — — de silicate de potasse.
11	— — avec 3 %/oo de mélasse.
12	— à 2 % de SO^4Cu, $5H^2O$ légèrement alcalinisée avec CO^3Na^2.
13	— No 12 avec 1 % de sulfate d'alumine.
14	— à 2 % de SO^4Cu. $5H^2O$ et 3 % de savon.
15	— — — neutralisée à la soude et 5 % de colophane.
16	— — — légèrement alcalinisée avec NH^3.
17	Verdet neutre à 2 %.
18	— — avec 3 %/oo de gomme adragante.
19	— — — 3 %/oo de colle forte.
20	— — — 5 %/oo d'amidon.
21	— — — 5 %/oo de silicate de potasse.

Le tableau suivant est le résumé des recherches faites avec ces bouillies, donnant les quantités de cuivre laissé sur les raisins et les feuilles de vigne dans différents cas.

Les chiffres des colonnes A et C ont été obtenus en dosant le cuivre restant sur les raisins et les feuilles après séchage au soleil et deux heures d'exposition à une pluie donnant 4 m/m. Ceux des colonnes B et D donnent les quantités de cuivre restant sur les raisins et les feuilles 15 jours après

(1) C. R., 1898-876.

l'application du dernier traitement et ayant subi plusieurs
pluies. Les raisins avaient subi trois traitements et les
feuilles quatre.

BOUILLIES	PROPORTION POUR 100 DU CUIVRE TOTAL resté sur les raisins		PROPORTION POUR 100 DU CUIVRE TOTAL resté sur les feuilles	
NUMÉROS	A	B	C	D
1	7,6	4,3	37,4	11,9
2	6,3	3,8	32,3	9,4
3	2,8	1,9	23,1	5,3
4	7,1	3,9	36,6	11,1
5	7,4	3,7	38,2	12,0
6	11,2	6,1	48,8	16,7
7	10,3	6,0	44,3	15,4
8	7,5	4,0	36,7	10,8
9	6,9	3,5	35,8	9,9
10	13,4	6,9	47,9	20,7
11	12,2	6,0	53,3	22,5
12	12,9	6,8	59,6	19,5
13	12,3	6,3	58,1	20,4
14	17,5	8,0	72,9	24,1
15	38,2	20,8	89,2	36,2
16	5,4	3,5	31,1	9,3
17	6,0	3,7	31,4	9,3
18	8,9	4,6	40,5	15,8
19	7,2	4,1	37,2	12,9
20	5,6	3,5	29,6	10,0
21	9,7	5,9	42,7	16,1

On doit remarquer en premier lieu que la faculté d'adhérence des bouillies cupriques est beaucoup plus faible pour

les raisins que pour les feuilles. Ensuite de toutes les substances employées pour augmenter la faculté d'adhérence, la
colophane est incomparablement supérieure.

Par ordre de mérite, on peut ainsi classer ces substances :

1° colophane ;
2° savon ;
3° silicate de potasse ;
4° mélasse ;
5° gomme adragante ;
6° colle forte.

Une bouillie doit être mouillante. — Pour qu'une bouillie
puisse préserver convenablement une vigne contre une
invasion de mildew et de blak-rot, il faut autant que
possible qu'elle recouvre entièrement tous les organes de
la vigne.

Lorsque l'on répand la bouillie sur les souches au moyen
de pulvérisateurs, les feuilles et les raisins se recouvrent de
fines gouttelettes, mais ces goutelettes sont d'autant plus
fines et par conséquent d'autant plus rapprochées que la
tension superficielle du liquide est plus faible. Cependant,
aujourd'hui, grâce aux jets à grille et hélice, toutes les bouillies se pulvérisent bien.

Mais si la tension superficielle du liquide est faible, les
gouttelettes projetées s'écrasent et les organes de la vigne
sont recouverts d'une couche uniforme de bouillie. On dit
alors que cette bouillie est mouillante. Ainsi la vigne est
mieux protégée.

A cet égard, les bouillies au savon sont supérieures. Nous
avons vu à leur sujet que l'on pouvait obtenir, avec ces
bouillies préparées d'une certaine façon, 180 gouttes pour
5^{cm3} avec un compte-gouttes donnant seulement 66 gouttes

avec 5^{cm3} d'eau distillée. Ainsi leur pouvoir mouillant est trois fois plus grand que celui de l'eau.

La plupart des bouillies sont cependant assez mouillantes, d'autant que l'emploi de jets perfectionnés supplée jusqu'à un certain point à cette propriété.

M. Gastine (1) a proposé, pour rendre mouillantes les bouillies, de leur ajouter un peu de poudre obtenue avec du péricarpe de la graine de sapindus.

La solution à $\dfrac{2}{1.000}$ de sapindus donne, pour 5^{cm3}, 148 gouttes avec une pipette Duclaux.

DU CHOIX D'UNE BOUILLIE. — Le nombre des bouillies est grand, il l'est encore plus si l'on considère toutes les bouillies que l'on trouve toutes faites dans le commerce.

Le viticulteur, écoutant les belles qualités que les marchands de bouillies attribuent à leurs produits, ne peut avoir que l'embarras du choix.

Pour nous, nous croyons qu'aucune bouillie ne vaut celle que prépare lui-même le propriétaire.

Une bouillie bordelaise neutre, faite à la vigne en mélangeant comme nous l'avons dit, la solution de sulfate de cuivre préparée à l'avance et le lait de chaux grasse, ne peut donner que de bons résultats.

Employée ainsi toute fraîchement faite, elle est d'une extrême légèreté, d'une adhérence très suffisante ; elle se répand de même avec facilité.

Enfin, aucune bouillie, mieux qu'elle, ne tient en réserve, dans les gouttelettes qui recouvrent les organes de la vigne, le cuivre soluble dans l'eau de rosée ou de pluie qui contient toujours un peu d'ammoniaque et d'acide carbonique.

(1) C. R., 1911.

DES POUDRES CUPRIQUES

Les poudres proposées pour combattre le mildew sont assez nombreuses. Ces poudres sont pour la plupart à base de sulfate de cuivre.

Il est certain que si ces poudres étaient aussi adhérentes aux feuilles que les bouillies, on devrait les préférer, car l'épandage en est plus facile.

De toutes les poudres proposées, la sulfostéatite paraît être la meilleure. Le talc avec lequel elle est fabriquée lui donne de l'adhérence aux grappes. On l'obtient en faisant imbiber d'une solution de sulfate de cuivre, le talc qui est du silicate de magnésie, matière onctueuse au toucher, neutre, insoluble dans l'eau. Après avoir fait sécher cette poudre, on la fait passer sous des meules, et de là au blutoir.

On fabrique aussi des poudres à base de sulfate de cuivre et de soufre, destinées à combattre à la fois le mildew et l'oïdium.

DE L'EMPLOI DES BOUILLIES ET DES POUDRES CUPRIQUES. — Il est fréquent d'entendre les viticulteurs émettre des doutes sur l'efficacité des bouillies cupriques comme traitement préventif contre le mildew et particulièrement contre le mildew de la grappe.

Mais on peut facilement expliquer ces insuccès sans accuser d'impuissance les bouillies et les poudres cupriques.

Il faut remarquer en premier lieu que la germination des conidies, l'éclosion des zoospores et l'émission des tubes germinatifs se font uniquement à la face inférieure des feuilles. Les zoospores recherchent les stomates et c'est par ceux-ci que s'effectue la pénétration des tubes germinatifs. Or la face inférieure porte seule des stomates.

Il faudra donc autant que possible recouvrir de bouillie la face inférieure des feuilles. D'ailleurs la bouillie répandue sur les feuilles n'est pas inutile ; en effet, les spores du peronospora apportées par le vent se déposent surtout à la face supérieure de la feuille et sont ainsi détruites.

Enfin, il faut que le viticulteur sache bien que le traitement doit être préventif. Une fois dans les tissus, le germe continue à se développer en dépit de tout traitement.

Il faut donc prévoir la période de contamination, et ceci est assez difficile car les spores germent dès qu'elles sont en contact avec une goutte d'eau ou de rosée.

Le mieux est de commencer les sulfatages de bonne heure et de les répéter souvent si les conditions atmosphériques (chaleur et humidité) sont favorables au développement du mildew.

On peut échelonner les traitements de la façon suivante :

Premier traitement liquide dès le départ de la végétation (pousses de 8 à 10 centimètres) ; huit jours après, poudrage à la sulfostéatite mélangée de chaux vive.

Deuxième traitement liquide quelques jours avant la floraison.

Ce traitement est suivi d'un poudrage à la sulfostéatite mélangée de soufre.

Quelques jours plus tard, second poudrage à la sulfostéatite.

Troisième traitement liquide, vers les premiers jours de juillet.

Poudrage au moment de la veraison.

Quatrième traitement liquide, vers la fin août.

Si l'année est anormale on devra encore rapprocher ces traitements.

Mais il faut observer encore une fois, que le viticulteur

ne doit jamais attendre l'apparition du mal pour commencer les traitements.

INFLUENCE DES SELS DE CUIVRE SUR LA MATURATION DES FRUITS ET LA VINIFICATION. — On a souvent observé (1) les effets produits par les sels de cuivre sur les végétaux en général et sur la vigne en particulier. L'allure générale de la végétation est modifiée ; les feuilles demeurent plus longtemps vertes et les ceps s'en dépouillent lentement. Quant aux raisins, certains viticulteurs pensent que les sels de cuivre accélèrent leur maturation, d'autres leur attribuent une action néfaste.

Des essais faits sur des groseillers ont montré que l'action des sels de cuivre est plutôt favorable. En tout cas, il est permis de dire que leur action n'a rien de néfaste.

INFLUENCE DES SELS DE CUIVRE SUR LE VIN. — A la suite de traitements anticryptogamiques répétés vers la fin du mois d'août et le commencement du mois de septembre, les raisins sont encore tous bleus au moment de la vendange. Les viticulteurs furent d'abord effrayés de mettre à cuver des raisins ainsi souillés de matières toxiques. Les hygiénistes s'émurent.

MM. Millardet et Gayon (2) démontrèrent alors, par l'analyse, que le cuivre des sels de cuivre pulvérisés sur la vigne, s'éliminait en presque totalité dans les lies.

Le tableau qui suit montre que, si la nature du traitement et le nombre des applications ont le plus souvent une influence sur la quantité de cuivre contenue dans les raisins et les moûts, ils n'en ont aucune sur celle du cuivre qui reste dans le vin après la fermentation.

(1) *Prog. agr.*, 20 juillet 1901.
(2) *C. R.*, 103, 1240.

BOUILLIES EMPLOYÉES

1. Bouillie bordelaise avec chaux grasse.
2.   —   —   maigre.
3.   —   —   grasse et colle.
4. Solution de SO^4Cu, $5H^2O$ à 0,5 pour 100.
5.   —   —   1   —
6.   —   —   2   —
7.   —   —   3   —
8. Poudre au sulfate de cuivre et à la chaux.
9.   —   —   au platre.
10. Sulfostéatite.

NATURE DU TRAITEMENT	TRAITEMENT UNIQUE CUIVRE EN MILLIGRAMME			TRAITEMENT RÉPÉTÉ CUIVRE EN MILLIGRAMME		
	Par kilog. de raisin	Par litre de moût	Par litre de vin	Par kilog. de raisin	Par litre de moût	Par litre de vin
1	2,6	1,7	0,07	5,9	4,2	0,10
2	3,5	2,6	0,06	12,6	11,8	0,10
3	3,4	3,6	0,25	6,0	5,8	0,30
4	1,6	1,3	0,03	1,9	2,1	0,01
5	2,2	1,7	0,60	1,9	2,0	0,08
6	1,7	1,1	0,35	1,8	1,5	0,01
7	2,6	3,0	0,20	2,4	1,7	0,10
8	3,1	2,0	0,06	6,5	6,3	0,15
9	2,7	1,4	0,15	9,7	3,6	0,15
10	2,2	1,4	0,10	9,8	3,2	0,08

D'après M. Quantin (1), le sulfate de cuivre s'élimine à l'état de sulfure de cuivre insoluble dans le moût de raisin.

(1) *C. R.*, 103, 888.

D'après ses expériences, à la dose de 0 gr. 05 par litre, le sulfate de cuivre a entièrement disparu à la suite d'une fermentation en petit. La proportion qui s'éliminerait dans la pratique serait certainement supérieure, et déjà cette dose de sel de cuivre est supérieure à celle que peut introduire le traitement du mildew. La réduction du sulfate de cuivre par les ferments suffit donc, à elle seule, pour assurer l'élimination totale du cuivre dans les vins ; elle en est, à coup sûr, une cause principale.

D'ailleurs, M. Chuard (1) a confirmé par des expériences directes la théorie de M. Quantin sur l'élimination du cuivre dans les moûts à l'état de sulfure.

De l'emploi des bouillies cupriques pour combattre la maladie de la pomme de terre.

Les récoltes de pommes de terre restent sous la dépendance de la destruction de la plante par le phytophora infestans, autrement dit : de la maladie.

Dès qu'on a su par l'emploi de bouillies cupriques enrayer la marche du mildew, on a eu la pensée d'appliquer à la pomme de terre le même traitement qu'à la vigne.

M. Aimé Girard (2) a fait des essais montrant nettement l'efficacité des traitements cupriques.

L'auteur a fait un premier essai avec une bouillie cuivreuse faible ne contenant que 2 kilos de sulfate de cuivre et 1 kilo de chaux pour 100 litres. Il l'a d'abord employée comme curative du mal.

(1) *C. R.*, 105, 1196.
(2) *C. R.*, 1089, 1890.

Les tableaux suivants contiennent les résultats de ces premiers essais.

VARIÉTÉS	SURFACE TRAITÉE 200m²			SURFACE NON TRAITÉE 200m²			AUGMENTATION de la récolte saine par le traitement
	POIDS total récolté	MALADES en poids	pour 100	POIDS total récolté	MALADES en poids	pour 100	
Joinville-le-Pont 1888							
Eos.	470	20	4,2	468	26	5,5	2,7
Kornblum. . . .	450	5	1,1	400	30	7,5	20,2
Aurélie	427	21	4.9	420	31	7,4	4,4
Clichy-sous-Bois 1888							
	SURFACE TRAITÉE 125m²			SURFACE NON TRAITÉE 125m²			
Gilbe rose. . . .	339,7	10,7	3.1	300	123	4.1	14,3
Jeuxey.	414,5	25,0	6,0	365	48	13.1	22 9
Richter.	564,0	15,0	2.6	498	14,5	2 9	13,5
Red Skinned. .	469,0	33,0	7,0	423	51	12,0	17,0

De cela il résulte :

1° Que l'application d'un traitement purement curatif n'assure pas une immunité absolue.

2° Que cependant, même dans ce cas, le traitement diminue notablement la proportion des tubercules malades et augmente le poids de la récolte saine dans une proportion qui pour certaines variétés s'élève de 20,2 à 22,9 pour 100.

Mais si le traitement curatif a une valeur relative, il en est autrement du traitement préventif, comme le montre le tableau suivant.

Bien que la maladie n'ait pas été violente dans la partie non traitée, les résultats sont très nets et incontestablement excellents.

9

VARIÉTÉS	SURFACE TRAITÉE 125m²			SURFACE NON TRAITÉE 125m²			AUGMENTATION de la récolte saine par le traitement
	POIDS total récolté	MALADES		POIDS total récolté	MALADES		
		en poids	pour 100		en poids	pour 100	
Gilbe rose....	328k	néant	néant	308k	8k	2,6	9,3
Jeuxey........	341	1 kil.	0,3	321	30	9,1	16,8
Richters......	439	néant	néant	421	1	0,2	4,3
Red Skinned..	400	néant	néant	394	1.5	0 4	1,9

M. Aimé Girard a étudié aussi l'adhérence des différentes bouillies, aux feuilles de pommes de terre.

Il a observé :

1° Que les compositions cuivriques, proposées pour combattre la maladie de la pomme de terre, ont des facultés d'adhérence aux feuilles très différentes.

2° Que c'est sous l'action des pluies violentes surtout et par entraînement mécanique que le cuivre déposé disparaît en partie.

3° Que parmi ces compositions, celle qui fléchit le plus est la bouillie cuprocalcaire, dite bouillie bordelaise, que la diminution de la chaux en augmente un peu la solidité ; qu'enfin l'addition de composés alumineux ne produit pas d'amélioration sensible.

4° Que la bouillie cuprosodique d'une part, la bouillie au verdet d'autre part, ont une faculté d'adhérence aux feuilles de pommes de terre presque double de celles que possèdent les bouillies précédentes et que, par dessus les autres, la bouillie cuprocalcaire sucrée résiste à l'action des pluies d'une façon inattendue.

Emploi du sulfate de cuivre pour le chaulage des graines.

Le sulfate de cuivre en solution est employé avec succès pour détruire les parasites, larves ou champignons qui s'attaquent aux graines et compromettent les récoltes.

Le traitement consiste à tremper la semence, 12 à 15 heures, dans une solution de sulfate de cuivre à 1 % en général. On doit semer immédiatement après pour éviter la destruction du germe par le sulfate de cuivre.

Ce traitement est employé avec succès pour combattre l'alucite des blés, la carie des céréales, le charbon, la rouille des blés et même jusqu'à un certain point le piétin des céréales.

M. Breal (1) a fait des essais comparatifs montrant l'action bienfaisante du chaulage des graines avec une solution de sulfate de cuivre.

La bouillie employée est ainsi composée :

Fécule....................	30 grammes.
Sulfate de cuivre..........	3 —
Eau......................	1 litre.

On fait bouillir le tout.

Ensuite on laisse séjourner les graines pendant 20 heures dans le mélange refroidi, on les dessèche superficiellement par exposition à l'air, puis on les trempe dans l'eau de chaux et on sèche à nouveau. Les graines ainsi traitées conservent leur aspect ordinaire ; elles augmentent de poids de 5 % environ.

(1) C. R., 1000.

ESSAIS SUR DES GRAINES DE MAÏS.

VARIÉTÉ DE MAÏS	POIDS de la semence	NOMBRE DE GRAINES LEVÉES		RÉCOLTE FRAICHE		RÉCOLTE SÈCHE	
		Normales	Enduites	Normales	Enduites	Normales	Enduites
Auxonne.....	5 gr	15	22	1850gr	2440gr	210gr	380gr
Jaune hâtif...	5	6	9	700	1300	139	346
Gros jaune...	5	12	12	2500	3200	225	405
Dent de cheval.	5	5	10	4900	4900	»	»

On voit que les semences traitées germent en plus grand nombre, donnent de plus fortes récoltes que les semences normales, ce qui tient sans doute à la plus grande résistance qu'elles opposent aux microorganismes parasites.

L'auteur a constaté aussi que les graines enduites perdent moins de poids que les autres pendant leur germination et que dès le début de la végétation, les jeunes plantes qu'elles fournissent renferment davantage de substance sèche.

ESSAIS COMPARATIFS sur 100 grammes de grains de blé.

VARIÉTÉ DE BLÉS	DURÉE de germination	POIDS des graines sèches	RÉCOLTE SÈCHE		DIFFÉRENCE pour 100
			Normale	Enduite	
Blé Bordeaux...	25 jours	88gr	60gr	72	20
— .. .	52 —	88	45	66	46
Blé Dattel.....	20 —	87	77	81	5
—	40 —	»	65	75	15
Blé Japhet.....	20 —	80	77	80	4

Les excédents portent surtout, ainsi que le montre le tableau suivant, sur les tiges et les jeunes feuilles : Ces poids sont encore rapportés à 100 parties de semences.

VARIÉTÉ DE BLÉS	TIGES ET FEUILLES provenant des graines		COTYLEDONS ET RACINES des graines	
	Normales	Enduites	Normales	Enduites
Blé Bordeaux.....	13gr	20gr	46gr	45gr
Blé Bordier.......	15	25	45	40
Blé Dattel	10	16	53	48

En résumé la stérilisation superficielle des graines par la bouillie cuivrique n'aurait pas seulement pour effet de prévenir les maladies cryptogamiques qui souvent compromettent les récoltes ; elle favoriserait en même temps la levée des semences et assurerait une meilleure utilisation de leurs réserves, d'où un excès de production végétale qui est sensible dès le début de leur développement.

Autres emplois du sulfate et de l'acétate de cuivre en agriculture.

On emploie avec succès la bouillie bordelaise pour combattre la tavelure du pommier et du poirier,

La puccinie du prunier (*puccinia pruni*), qui se manifeste sous l'aspect d'une sorte de rouille qui attaque les feuilles est combattue, plus ou moins efficacement, par l'application d'une solution légère de sulfate de cuivre.

On a préconisé de même l'emploi de la bouillie bordelaise contre la cloque du pêcher.

Des essais de traitements ont été faits contre la fumagine de l'olivier (1). Ces essais semblent prouver la supériorité de la bouillie bordelaise à 3 %/₀ de sulfate de cuivre, additionnée de 1 litre pour 100 d'essence de térébenthine.

En sylviculture on a employé (2), avec succès, les bouillies cupriques pour détruire une série de parasites qui nuisent au développement des jeunes plantations.

Ces parasites sont pour le sapin : l'œcidium elatinum qui atteint ses bourgeons ; le trichosphœnia parasitica qui atteint l'extrémité des rameaux.

Les épicéas sont atteints par deux parasites des feuilles : l'hypoderma macrosporum, et l'autre est celui qui engendre la maladie dite de la « défoliation ».

L'hysterium pinastri atteint les feuilles du pin sylvestre, tandis que le mélèze est atteint par le Meria laricis.

Les traitements doivent être préventifs. Le nombre et le moment des applications varient suivant le parasite contre lequel on a à lutter.

On a préconisé (3) pour la destruction des mauvaises herbes et plantes parasites, en particulier des sauves et des ravenelles, de pulvériser sur ces herbes une solution de sulfate de cuivre à 5 %/₀. On a préconisé aussi des solutions à l'acétate neutre de cuivre.

On a employé de même avec succès une bouillie bourguignonne à 2 %/₀ de sulfate de cuivre nicotinée à 1 %/₀ pour combattre et détruire les chrysomèles de l'osier (4).

---

(1) *Prog. agr.*, 27 janvier 1901.
(2) *Bul. agr. de France*, 25 juin 1904.
(3) *Bul. agr. de France*, 15 nov. 1907.
(4) *Revue de viticulture*, octobre 1908.

Sur l'accumulation dans le sol des composés cuivriques employés pour combattre les maladies parasitaires des plantes.

On s'est demandé si, du fait de l'accumulation du cuivre dans le sol, on ne devait pas craindre de voir d'une part les récoltes diminuer, d'autre part les produits récoltés pénétrés par le cuivre dans une proportion nuisible à l'homme et aux animaux.

Des recherches ont été faites afin de reconnaître si les composés cuivriques pulvérisés à la surface des feuilles, peuvent être absorbés par les tissus des plantes.

Les expériences d'un grand nombre d'observateurs tels que MM. Millardet, Goyon, Viala... etc... ont montré que, déposé en quantité considérable au pied des ceps, le sulfate de cuivre ne cause à la végétation de la vigne aucun dommage.

M. Vermorel a constaté qu'en accumulant dans le sol du sulfate de cuivre pouvant correspondre à la quantité qui pourra s'y trouver au bout de cent ans de traitements annuels, la végétation pour le blé tout au moins se développe avec régularité.

M. Aimé Girard (1) a fait des expériences analogues, ses recherches ont consisté à mettre en comparaison sur une même pièce de terre, deux lots de surface égale, l'un préalablement arrosé d'une quantité déterminée de composés cuivriques, l'autre laissé à l'état normal, pour sur l'un et l'autre cultiver parrallèlement les principales plantes.

Les résultats de ses recherches sont exprimés d'un côté par le poids des récoltes, de l'autre par l'appréciation des quantités de cuivre fixées par les produits de la culture.

(1) C. R., 120-1147.

Tableau résumant une de ces expériences.

RÉCOLTE PAR ARE			
PLANTES CULTIVÉES	TERRAIN		DIMINUTION ou AUGMENTATION due au traitement
	normal non traité	traité par le cuivre	
Avoine.. { paille.	39k2	31k4	— 7k7
grain..........	15,4	15,7	+ 0,3
Trèfle séché à l'air.........	17,0	21,0	+ 4,0
Pommes de terre.. { poids..........	270,0	270,0	»
richesse en fécule .	12 %	12 %	»
Betteraves { poids..........	260,0	260,0	»
richesse en sucre..	14,15 %	15.04 %	+ 0.89 %

Enfin M. Aimé Girard a pu constater que l'innocuité du cuivre par les plantes dans ces circonstances a été nulle.

QUATRIÈME PARTIE

DOSAGE DU CUIVRE

CHAPITRE PREMIER

DOSAGE PONDÉRAL

Le cuivre peut être pesé à l'état d'oxyde cuivrique, de métal ou de protosulfure de cuivre.

A. — DOSAGE A L'ÉTAT D'OXYDE CUIVRIQUE. — A) *Par précipitation directe à l'état d'oxyde cuivrique.* — On met dans une capsule en platine ou en porcelaine, la solution de cuivre assez étendue, neutre ou acide, on la chauffe jusqu'à commencement d'ébullition et on y ajoute de la lessive pure un peu étendue de soude ou de potasse, tant qu'il se forme un précipité. On maintient encore quelques minutes à une température voisine de l'ébullition, on laisse déposer un instant et on verse le liquide sur un filtre. On ajoute de l'eau au précipité, on chauffe jusqu'à l'ébullition, on laisse encore déposer et l'on recommence les opérations deux ou trois fois. A la fin, on jette tout le précipité sur le filtre, on le lave parfaitement avec de l'eau chaude et on sèche. Une fois le

précipité sec, on le détache du filtre que l'on brûle à part
dans un creuset de plâtre, on ajoute ensuite le précipité et
on chauffe au rouge sur une simple lampe à gaz. On laisse
refroidir dans un exsicateur et on pèse.

Cette méthode bien conduite donne des résultats exacts,
mais il faut suivre rigoureusement les règles prescrites. Si la
dissolution primitive est concentrée, tout l'oxyde de cuivre
ne se précipite pas; si l'on ne lave pas avec beaucoup de
soin avec de l'eau chaude, le précipité retient de l'alcali. Si
l'on calcine le précipité avec le filtre, il se forme de l'oxyde
cuivreux.

Gibbs (1) indique de faire la précipitation avec du carbonate de soude, au lieu d'employer la potasse ou la soude
pure. Seulement la précipitation ne sera complète que si la
dissolution ne renferme pas plus de 1 gramme de cuivre
par litre, si l'on n'ajoute le carbonate alcalin qu'en très léger
excès et si l'on fait bouillir au moins une demi-heure.

L'oxyde de cuivre peut être aussi précipité d'une solution
ammoniacale par la potasse ou la soude. On chauffe jusqu'à ce que le liquide devienne incolore et on filtre aussi
rapidement que possible.

D'après Sostegni (2) on peut doser le cuivre dans son
sulfate, de la façon suivante :

On dissout 1 gramme de sulfate de cuivre dans 25ᶜᵐ³ d'eau.
On ajoute quelques gouttes d'acide nitrique et on porte à
l'ébullition. Ensuite on neutralise avec de la soude. On
ajoute alors du sel de seignette et on précipite l'oxyde de
cuivre par l'ébullition avec une solution de sucre. S'il y a
des traces de fer, elles sont à l'état de combinaisons ferriques
et ne sont pas précipitées.

(1) Journ. f. prackt. Kem., LXI, 105.
(2) Bul. Soc. Chim., 20-432-1808.

A) *Par précipitation à l'état d'oxyde après une calcination préalable de la substance.* — On chauffe dans un creuset de porcelaine jusqu'à complète décomposition de la matière organique, on dissout le résidu dans l'acide azotique étendu et on opère comme on vient de le dire.

Ce procédé est utilisé quand le sel de cuivre à analyser contient des matières organiques ou quand l'acide du sel est un acide organique fixe.

B) *Par calcination.* — Ce procédé peut être utilisé pour les oxydes à acide volatil ou facilement décomposables par la chaleur (carbonate, azotate).

On chauffe le sel à décomposer dans un creuset de platine ou de porcelaine d'abord lentement, puis peu à peu on élève la température au rouge vif et l'on pèse le résidu.

B. — Dosage a l'état de cuivre métallique. — Cette transformation en cuivre métallique est possible pour l'oxyde de cuivre dans toutes les dissolutions qui sont exemptes d'autres métaux précipitables par le zinc ou par le courant électrique, en outre pour tous les composés oxygénés du cuivre.

A) *Dosage par précipitation avec le zinc ou le cadmium.* — D'après les expériences de Frésenius, la pratique de la méthode est la suivante : « On met dans une capsule en platine, pesée d'avance, la dissolution de cuivre exempte d'acide azotique, qu'on en aura par conséquent débarrassée par une évaporation préalable avec de l'acide sulfurique ou de l'acide chlorhydrique. On étend si cela est nécessaire avec de l'eau ; on y met un petit morceau de zinc soluble sans résidu dans l'acide chlorhydrique et l'on ajoute, s'il le faut, assez d'acide chlorhydrique pour qu'il se produise un dégagement modéré d'hydrogène. On couvre la capsule avec un verre de montre pour éviter les projections. Le cuivre commence aussitôt à se précipiter, la plus grande partie sous forme d'un dépôt solide sur le platine, l'autre sous forme de masse spongieuse rouge. Au bout d'environ une heure ou deux heures, tout le cuivre est déposé. On s'assure si tout le zinc est dissous, ce que l'on voit si l'addition d'un peu d'acide chlorhydrique ne produit pas un nouveau dégagement d'hydrogène... Ceci fait, on lave à l'eau bouillante jusqu'à ce que l'eau de lavage ne contienne plus trace d'acide chlorhydrique. On lave ensuite la capsule avec de l'alcool concentré et on sèche dans une étuve à 100°. »

Les résultats sont très exacts.

Au lieu de zinc on peut employer du cadmium.

B) *Transformation en cuivre par calcination dans un courant d'hydrogène.* — Les composés oxygénés du cuivre sont réduits en cuivre métallique, si on les chauffe dans un courant d'hydrogène pur.

c) *Précipitation à l'état de cuivre au moyen d'acide hypophosphoreux,* procédé Marwow et Muthmaun. — A une solution du sulfate de cuivre ne contenant pas plus de 1 à 2 grammes de cuivre pour 1000^{met}, on ajoute quelques centimètres cubes d'acide hypophosphoreux et l'on chauffe jusqu'à cessation du dégagement d'hydrogène. Le cuivre séparé sous forme d'un précipité cristallin est lavé à l'eau chaude sur un filtre taré puis desséché à 100° et pesé.

C. — DOSAGE A L'ÉTAT DE PROTOSULFURE. — Ce procédé sera utilisable toutes les fois que le sel de cuivre ne sera pas mélangé à d'autres métaux précipitables par l'hydrogène sulfuré, l'hyposulfite de soude ou le sulfocyanate de potassium.

A) *Précipitation à l'état de sulfure.* — Dans la solution légèrement acide et qui ne doit contenir que peu d'acide azotique, on peut précipiter le cuivre à l'état de sulfure par l'hydrogène sulfuré. Pour cela on fait passer dans la solution chaude un courant d'hydrogène sulfuré. On filtre le précipité et on le lave à l'eau chargée d'hydrogène sulfuré. On sèche le précipité.

On calcine ensuite ce précipité, en lui ajoutant un peu de soufre, dans un courant d'hydrogène. Mais on peut simplement calciner le précipité à l'air parce que s'il se forme un peu d'oxyde de cuivre CuO, celui-ci renferme pour 100 la même quantité de cuivre que Cu^2S et du poids du résidu on peut encore déduire la quantité de cuivre.

B) *Précipitation à l'état de sulfocyanate d'après Rivot* (1). — A la dissolution du composé de cuivre, qui doit autant que possible être exempte de chlore libre et d'acide azotique et ne doit pas contenir d'acide libre, on ajoute de l'acide hypophosphoreux ou de l'acide sulfureux en quantité suffisante, puis une solution de sulfocyanate de potassium en excès aussi léger que possible.

On peut employer également pour la précipitation une solution de parties égales de sulfocyanate de potassium et d'ammonium et de sulfite acide de potassium ou d'ammonium. On filtre le précipité, on le sèche, puis on le mélange avec du soufre en poudre et on chauffe au rouge dans un courant d'hydrogène, on pèse le cuivre à l'état de sulfure.

On peut aussi recueillir le sulfocyanate sur un filtre pesé et sécher le tout à 100° et en prendre le poids.

c) *Précipitation au moyen de l'hyposulfite de soude.* — A la solution de cuivre chauffée à l'ébullition, on ajoute une

(1) C. R., XXXVIII, 808.

solution d'hyposulfite de soude pur à 20 %. Il se forme un précipité de sulfure Cu²S. On lave, on sèche et on calcine comme nous l'avons déjà dit plus haut.

Carnot (1) opère la précipitation avec de l'hyposulfite d'ammoniaque. La dissolution contenant le cuivre est étendu à 200 ou 300cm³ et est acidifiée par 10cm³ ou 15cm³ d'acide chlorhydrique. Elle est portée à l'ébullition et additionnée d'hyposulfite d'ammoniaque que l'on verse par portions, jusqu'à ce que le précipité au lieu de devenir aussitôt brun foncé par formation du sulfure de cuivre, reste quelque temps blanc et laiteux par suite de la présence du soufre libre.

On laisse éclaircir la solution à l'ébullition. Le précipité contient tout le cuivre à l'état de Cu²S.

_____

(1) C. R., 102-621.

CHAPITRE II

DOSAGE ELECTROLYTIQUE

Cette méthode de dosage du cuivre est celle qui donne les résultats les plus exacts.

A. — Précipitation en solution azotique. — On ajoute à la solution de cuivre qui ne doit pas contenir de chlorure 2 à 3 volumes pour 100 d'acide azotique concentré. On électrolyse avec une densité de courant de 0,5 à 1 ampère par décimètre carré et une tension aux électrodes de 2,5 volts. Si la solution contenait d'autres métaux, il faudrait augmenter la quantité d'acide azotique ajouté jusqu'à 8 et 10 pour 100.

On opère l'électrolyse à la température ordinaire. Pour voir si l'opération est terminée on ajoute dans l'appareil à électrolyse un peu d'eau. Si sur la surface de l'électrode primitivement hors du liquide et qui y trempe après l'addition d'eau, il ne se dépose pas de cuivre, l'opération est terminée. Sinon il faut continuer l'électrolyse.

B. — Précipitation du cuivre en solution sulfurique. D'après Engels, à la solution de sulfate de cuivre d'un volume de 150^{cm3} et contenant 1^{gr} à 1^{gr} 7 de ce sel, on ajoute 2^{cm3} d'acide sulfurique et 0^{gr} 5 de sulfate d'hydroxalamine.

On emploie un courant de 0.08 à 0.18 ampères par décimètre carré sous une tension de 1 volt 1 à 1 volt 3.

Si l'on veut opérer plus rapidement, on peut employer un courant de 1 ampère par décimètre carré, mais alors il faut ajouter 10 à 15^{cm3} d'acide sulfurique et 1 gramme de sulfate d'hydroxalamine. On peut remplacer le sulfate d'hydroxalamine par de l'urée.

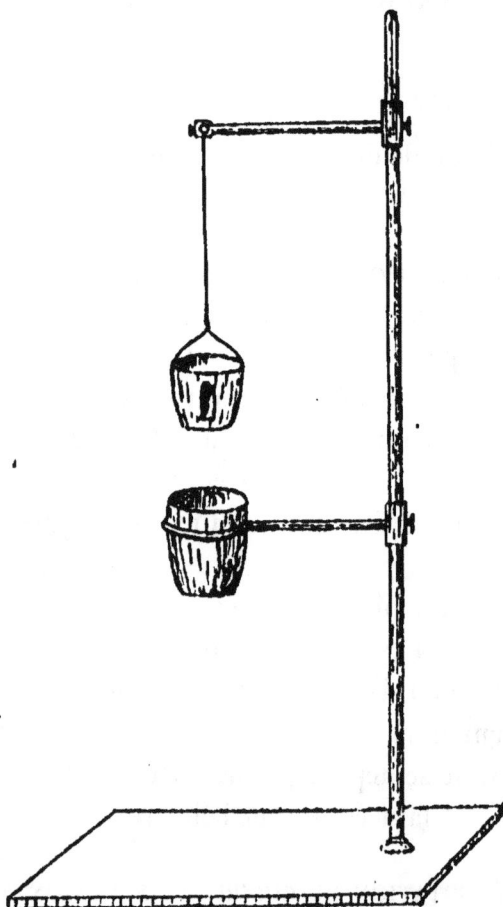

Le lavage du précipité doit être effectué sans interruption du courant. On syphone l'électrolyte tandis que l'on ajoute de l'eau dans l'appareil.

On opère ainsi afin d'éviter que du cuivre se dissolve dans l'acide sulfurique libre.

C. — Précipitation du cuivre en solution acide d'oxalate double de cuivre et ammonium. — (1) D'après ce procédé dû à Classen, on opère l'électrolyse des sels cuivriques en solution additionnée d'oxalade d'ammonium.

On mélange la solution de cuivre avec une solution saturée à froid d'oxalate d'ammonium en quantité suffisante pour que le précipité se dissolve à chaud. On étend à 120 ^{cm3}, on chauffe à 80° et on électrolyse avec un courant de 0,5 à 1 ampère par décimètre carré et sous une tension aux électrodes de 2 volts 5 à 3 volts.

Pour accélérer l'opération on ajoute par petites portions 25 à 30 ^{cm3} d'une solution saturée d'acide oxalique. On ne doit ajouter cet acide qu'à la fin de l'opération.

L'électrolyse doit commencer en liqueur neutre et l'acide ne sert qu'à accélérer la fin de l'extraction du cuivre.

On lave le dépôt sans interrompre le courant.

D. — Précipitation du cuivre en solution ammoniacale. — On mélange la solution de cuivre avec de l'ammoniaque en léger excès, on ajoute ensuite 20 à 25 ^{cm3} d'ammoniaque pour 0 ^{gr} 50 de cuivre, on porte le volume de la solution à 100 ^{cm3}, puis on y dissout 3 à 4 grammes d'azotate d'ammonium. On emploie pour faire l'électrolyse un courant de 2 ampères.

On lave le dépôt sans interrompre le courant.

E. Précipitation du cuivre en solution nitro-sulfurique. — Holland (2) et Berteaux préconisent, pour l'élec-

(1) *Bull. Soc. Chim.*, 4-151-1889.
(2) *Berichse-d-deutch Chem. Ges*, XXI 3050, 1888.

trolyse, des solutions contenant plus de 3 grammes de cuivre, l'emploi d'un électrolyte consistant en une solution de sulfate de cuivre contenant à l'état libre de l'acide sulfurique et de l'acide azotique. On lave sans arrêter le passage du courant.

On a proposé aussi l'électrolyse de solutions contenant des pyrophosphates alcalins, du formiate de soude, de l'acide formique, des tartrates ammoniacaux ou alcalins, mais ces méthodes donnent des résultats plus ou moins défectueux.

CHAPITRE III

MÉTHODES DE DOSAGE DU CUIVRE
PAR LES LIQUEURS TITRÉES

A. — Méthode de De Haen. — Elle repose sur ce fait que si l'on ajoute à un sel de bioxyde de cuivre un excès d'iodure de potassium, il se dépose du protoïodure de cuivre et de l'iode libre, qui reste dissous dans l'iodure de potassium.

$$2CuSO^4 + 4KI = Cu^2I^2 + 2I + 2K^2SO^4$$

Si donc on détermine la quantité d'iode libérée avec de l'hypo-sulfite de soude, ou suivant la méthode de Bunsen, on obtient la quantité de cuivre, puisque deux atomes d'iode libre correspondent à deux atomes de cuivre.

Manière d'opérer : On fait passer le cuivre à l'état de sulfate, dont la solution sera autant que possible neutre. On étend cette solution de façon que 100^{cm3} renferment de 0,75 à $1^{gr}5$ de cuivre.

Dans un flacon à l'émeri on met environ 10^{cm3} d'une solution d'iodure de potassium (1 d'iodure pour 10 d'eau) ; on ajoute 10^{cm3} de la solution de cuivre, on mélange, on laisse 10 minutes et on détermine immédiatement l'iode mis en liberté.

Il faut éliminer de la solution le peroxyde de fer et les autres substances qui pourraient décomposer l'iodure de potassium.

B. — Méthode de Parkes, modifiée par Fleck. — D'après Dénigés, pour obtenir de bons résultats au moyen de cette méthode, on doit opérer ainsi :

Pour chaque prise d'essai, on doit se tenir dans des limites ne dépassant pas 100^{mgr} de cuivre à l'état de combinaison saline, et opérer sur un volume de liquide de 20 à 40^{cm3}. On ajoute 10^{cm3} d'ammoniaque.

Le mélange est porté et maintenu à l'ébullition pendant qu'on y verse goutte à goutte, mais assez rapidement, une solution de KCN équivalant à l'azotate d'argent normal décime (un excès de cyanure de potassium fait disparaître la couleur bleue de la solution de cuivre).

Lorsque la couleur bleue de la solution ammoniacale de cuivre a beaucoup diminué, le liquide étant toujours maintenu en ébullition, on ne laisse tomber les gouttes de cyanure qu'une à une, toutes les trois ou quatre secondes, jusqu'à ce qu'on soit arrivé à la décoloration complète de la liqueur.

En multipliant par 0,594 le dix-millième du poids atomique du cuivre 0,00635, et le produit par le volume en centimètres cubes du cyanure employé, diminué de 0,1^{cm3}, on aura la proportion du métal qu'il s'agissait de doser. — Le procédé est très rapide et il permet de déterminer de petites quantités de cuivre.

C. — Méthode fondée sur la précipitation du cuivre par le sulfure de sodium (1). — Cette méthode consiste à précipiter la solution ammoniacale de cuivre par une liqueur titrée de sulfure de sodium.

On opère de la façon suivante :

On prépare une liqueur type de cuivre pour déterminer le titre de la solution de sulfure de sodium. Pour cela on dissout 10 grammes de fil de cuivre rouge dans l'acide azotique, on sature avec de l'ammoniaque et on ajoute l'eau nécessaire pour faire un litre.

On prépare au moment de s'en servir, la solution de sulfure dans un litre d'eau. Pour en fixer le titre on verse dans un flacon bouché à l'émeri, haut et étroit, 50^{cm3} de la solution de cuivre et après avoir chauffé le flacon doucement au bain-marie, de façon à élever la température de son contenu à 40°, on y fait couler la solution de sulfure de sodium, en secouant fortement le vase. Le dépôt étant achevé et le liquide surnageant s'étant éclairci, on ajoute de nouveau du réactif.

On agite, on laisse déposer le sulfure de cuivre formé et on continue ainsi tant qu'on aperçoit nettement qu'il se produit un précipité. La réaction est sensible à une ou deux gouttes près. Tant qu'il y a du cuivre en solution, le précipité se dépose complétement et le liquide devient clair; si le sulfure de sodium est en excès, la solution devient verdâtre et le précipité se dépose lentement.

On étend alors cette solution de sulfure, de titre ainsi déterminé, de façon que 1^{cm3} corresponde à 0^{gr}01 de cuivre.

Pour effectuer un dosage, on sature la solution dont il s'agit de déterminer la teneur en cuivre avec de l'ammoniaque. On prélève 50^{cm3} et on opère le titrage à 35 ou 40°

_____

(1) Mohr-Classen, *Chim. analytique*, traduct. Gauthier, p. 669.

avec la solution de sulfure de sodium, en se plaçant dans les mêmes conditions que pour la fixation du titre de cette solution de sulfure.

Si on a dépassé le point exact, on ajoute 1cm3 de liqueur de cuivre type et on titre en retour avec le sulfure de sodium.

Au lieu d'opérer en milieu ammoniacal on peut additionner la solution de sel de cuivre d'acide tartrique et de potasse caustique (1).

Il faut faire le titrage à une température voisine de celle de l'ébullition.

D. — Dosage du cuivre fondé sur la réduction du chlorure cuivrique par le chlorure stanneux. — Une solution de chlorure cuivrique acidifiée par de l'acide chlorhydrique, est très facilement réduite à l'ébullition, par une solution de chlorure stanneux.

$$2CuCl^2 + SnCl^2 = 2CuCl + SnCl^4$$

On constate la fin de la réaction par la disparition de la couleur verte due à la présence du chlorure cuivrique.

Pour préparer la solution de chlorure stanneux on dissout 6gr d'étain pur dans l'acide chlorhydrique et on étend la solution à 1 litre. Pour déterminer exactement le titre de cette solution on mélange dans un ballon 10cm3 d'une solution de sulfate de cuivre, préparée d'avance et contenant par litre 10gr de cuivre, soit 39,20 grammes de sulfate de cuivre, avec 25cm3 d'acide chlorhydrique pur et l'on titre à l'ébullition avec la solution de chlorure stanneux. Dès que la solution n'offre plus qu'une coloration jaune, on fait couler goutte à goutte en agitant jusqu'à décoloration complète.

(1) An. ph. Chim. (5) (XXVI, 141).

Pour doser le cuivre dans une solution, on l'étend de telle sorte que 1000^{cm3} contiennent environ 5 grammes de cuivre. On prélève 10^{cm3} de cette solution, on ajoute 25^{cm3} d'acide chlorhydrique et on titre à l'ébullition comme il vient d'être dit.

Les solutions à titrer ne doivent pas contenir d'acide azotique. Si la solution contenait également du fer, comme le chlorure ferrique est également réduit par le chlorure stanneux, on peut déterminer dans une partie de la solution la quantité de chlorure stanneux nécessaire pour réduire le chlorure cuivrique et le chlorure ferrique ; dans une autre partie on précipite le cuivre par le zinc et on dose le fer avec une solution de permanganate.

Dans le cas de la présence d'antimoine, on peut titrer d'abord comme à l'ordinaire, puis on laisse la solution dans une capsule ouverte pendant 12 heures. Pendant ce temps, le cuivre s'est réoxydé et l'antimoine réduit n'est pas altéré. On opère alors un nouveau titrage au chlorure stanneux.

Suivant Lebeau et Etard (1) le procédé est beaucoup plus sensible si l'on opère en solution bromhydrique.

Un sel de cuivre quelconque amené à l'état de solution concentrée et traitée par l'acide bromhydrique également concentré en excès, prend une teinte violette comparable à celle du permanganate et allant jusqu'à l'opacité complète.

Une telle solution additionnée d'une liqueur titrée de protobromure d'étain ou même de protochlorure d'étain dissous dans l'acide bromhydrique fort, pâlit à peine et à la fin se décolore brusquement par l'action d'une seule goutte de liqueur stanneuse.

E. — MÉTHODE AU SULFOCYANATE D'AMMONIUM. — On précipite le cuivre sous forme de sulfocyanate au moyen d'un

(1) *C. R.*, CX, 408 (1890).

excès de sulfocyanate d'ammoniaque et on titre l'excès de sulfocyanate ajouté.

On dissout la substance dans l'acide sulfurique ou azotique puis on chasse par évaporation l'excès d'acide. On neutralise ensuite par du carbonate de soude jusqu'à ce qu'il se forme un trouble permanent. On met le liquide à titrer dans un ballon jaugé de 300^{cm3} et on y ajoute une solution aqueuse d'acide sulfureux jusqu'à ce que l'odeur persiste nettement.

On chauffe à l'ébullition et l'on verse avec une burette la dissolution de sulfocyanate jusqu'à ce qu'une nouvelle addition ne produise plus de changement de couleur, et pour plus de certitude, on ajoute encore 3 à 4^{cm3} de sulfocyanate. On lit alors la quantité totale de sulfocyanate ajouté. On laisse refroidir, on remplit d'eau jusqu'au trait de jauge, on mélange et on filtre.

Dans cette solution on titre l'excès de sulfocyanate d'ammonium au moyen d'une solution titrée de nitrate d'argent.

F. — MÉTHODE FONDÉE SUR LA PRÉCIPITATION DU CUIVRE A L'ÉTAT DE XANTHATE. — Si l'on ajoute une solution de cuivre à une solution titrée de xanthate de potassium, il se forme du xanthate de cuivre qui précipite.

On ajoute le réactif jusqu'à décoloration de la liqueur.

On peut aussi ajouter un excès de xanthate de potassium et titrer cet excès au moyen d'une liqueur titrée d'iode.

La réaction a lieu d'après l'équation suivante :

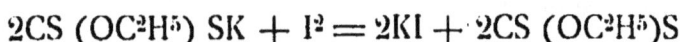

$$2CS(OC^2H^5)SK + I^2 = 2KI + 2CS(OC^2H^5)S$$

Comme il se dépose un peu de soufre, il se fait aussi la réaction suivante :

$$2CS(OC^2H^5)SK + 2H^2O + I^2 = CS^3K^2 + 2C^2H^5OH + 2HI + S + CO^2$$

Dans les 2 cas, 2 atomes d'iode correspondent à 2 molécules de xanthate de potassium.

Pour préparer la solution titrée de xanthate de potassium, on en dissout une certaine quantité dans de l'eau ; ensuite on éclaircit la solution en y ajoutant un peu de sulfate de cuivre. On filtre.

A un volume mesuré de cette solution on ajoute du bicarbonate de soude, un peu d'empois d'amidon et on y fait tomber goutte à goutte une solution d'iode décinormale, jusqu'à coloration bleue persistant pendant 20 secondes. On étend la solution de xanthate afin qu'elle corresponde à la solution d'iode.

DOSAGE. — Pour doser le cuivre dans une solution, on ajoute à celle-ci, si elle est acide, de l'acétate de sodium. Ceci fait, à un volume déterminé de cette solution, on ajoute un volume connu de xanthate de potassium (il doit y avoir un excès de xanthate) et $0^g 5$ de bicarbonate de soude. On étend alors à 100^{cm3}, on filtre et on prélève 50^{cm3} du liquide filtré dans lesquels on dose l'excès de xanthate de potassium au moyen de la solution d'iode.

G. — MÉTHODE FONDÉE SUR LA PRÉCIPITATION DU CUIVRE A L'ÉTAT DE PICRATE. — Le cuivre est précipité en solution ammoniacale par l'acide picrique et la fin de la précipitation est indiquée par la coloration que prend la solution. Fresenius indique ainsi la façon d'opérer.

On emploie une solution contenant par litre $7^{gr},20$ d'acide picrique pur, dont on fixe le titre au moyen d'une solution azotique titrée renfermant par litre 10 gr. de cuivre pur. Pour vérifier le titre de la solution d'acide picrique, on fait couler, à l'aide d'une pipette, dans un flacon de 250^{cm3}, 10^{cm3} d'ammoniaque et de la solution titrée de cuivre, puis on ajoute

15^{cm3} d'eau. Dans le liquide ainsi préparé, on verse goutte à goutte la solution d'acide picrique, en faisant tournoyer le flacon, tant que le liquide offre une teinte verte. Afin de mieux se rendre compte de la teinte offerte par le liquide, on laisse déposer, de temps en temps, les petits cristaux de picrate de cuivre, et on cesse l'addition de la solution picrique lorsque le liquide a pris une teinte jaune brun nette. Si le titre de la solution d'acide picrique est exact, on a dû en ajouter 100^{cm3} pour obtenir la réaction finale. S'il n'en est pas ainsi, il a fallu pour cela n^{cm3} et le titre de la solution est égal à
$$\frac{0,100^{gr}}{n}$$

Pour le dosage du cuivre avec la solution picrique, on opère de la même manière que pour la vérification du titre de la liqueur.

CHAPITRE IV

DOSAGE COLORIMÉTRIQUE DU CUIVRE

A. — Méthode G. Heath (1). — Le cuivre est amené, dans tous les cas, à l'état de sulfate de cuivre. Puis on élimine le fer et l'alumine par l'ammoniaque. On sépare le précipité par filtration, on le lave à l'ammoniaque à 10 0/0, jusqu'à ce que tout le cuivre ait été enlevé et que les eaux de lavage soient incolores.

La solution ne contenant que le cuivre est portée à 200^{cm3} et l'on compare sa couleur à celle d'une série d'étalons préparés d'avance.

Cette méthode permet de doser le cuivre avec une approximation de 0,5 0/0 environ.

B. — Méthode au Ferrocyanure de potassium (2). — Cette méthode est basée sur ce fait qu'une solution de sulfate de cuivre donne avec le ferrocyanure de potassium une coloration brun rouge ; si la solution est étendue, ce précipité ne se rassemble que lentement et laisse la solution limpide colorée en rouge.

(1) *Bull. Soc. Chim.*, 18, 671, 1897.
(2) *Bull. Soc. Chim.*, 19, 815, 1898.

C'est cette coloration beaucoup plus sensible que celle donnée par l'ammoniaque que l'on utilise dans ce procédé.

M. Jagnaux indique qu'il faut traiter les solutions acides de cuivre par l'ammoniaque et les faire bouillir jusqu'à neutralité. On met ensuite dans deux éprouvettes quelques gouttes de ferrocyanure de potassium; dans l'une, on verse un volume déterminé de la solution à titrer et on amène le contenu des deux éprouvettes au même volume, au moyen d'eau distillée.

On ajoute 0gr 5 de nitrate d'ammoniaque, puis on verse dans l'éprouvette remplie d'eau, une solution titrée de cuivre jusqu'à ce que les teintes dans les deux éprouvettes soient identiques.

On peut ainsi obtenir des résultats assez exacts en opérant toujours dans les mêmes conditions.

Il vaut mieux faire une échelle de types renfermant autant d'azotate d'ammoniaque que la liqueur à titrer et étendus au même volume. On ajoute dans tous à la fois le ferrocyanure de potassium et on compare aussitôt.

ANALYSE DU SULFATE DE CUIVRE

1º *Dosage du cuivre.* On peut employer un des nombreux procédés que nous venons de voir, mais le procédé électrolytique est le plus précis.

2º *Dosage de l'acide sulfurique.* — La solution ne doit pas contenir d'acide azotique et très peu d'acide chlorhydrique. La solution très étendue est alors portée à l'ébullition et on y verse goutte à goutte une solution de chlorure de baryum. On laisse déposer le précipité, on le lave et on filtre. On sèche et on pèse ensuite ce sulfate de baryum.

ANALYSE D'UN VERDET

1° *Dosage du cuivre.* — On emploie un des procédés précédemment cités.

2° *Dosage de l'acide acétique.* — Dans un petit ballon auquel on a adapté un réfrigérant descendant, on met la solution de verdet. On ajoute un excès d'acide phosphorique et on distille.

L'acide acétique, mis en liberté par l'acide phosphorique, distille. On doit distiller jusqu'à siccité. On laisse refroidir et au résidu qui reste dans le ballon on ajoute de l'eau et on redistille à nouveau. On pourra à la fin de l'opération entraîner ce qu'il peut rester d'acide acétique par un courant de vapeur d'eau.

Dans le liquide qui a distillé, on dose l'acide acétique au moyen d'une solution titrée de potasse ou de Baryte.

APPENDICE

Le commerce du sulfate de cuivre, du verdet et des bouillies qui en contiennent, est soumis à la loi du 4 août 1903.

ARTICLE PREMIER. — Seront punis d'une amende de quinze francs (15 fr.) à vingt-cinq francs (25 fr.) inclusivement ceux qui, au moment de la vente ou de la livraison de produits cupriques, anticryptogamiques, matières premières ou composées, n'auront pas fait connaître à l'acheteur sur le bulletin de vente, en même temps que sur la facture, la teneur en cuivre pur contenu par 100 kilos de matière facturée telle qu'elle est livrée. Toutefois, lorsque la vente aura été faite avec stipulation du prix d'après l'analyse à faire sur échantillon prélevé au moment de la livraison, l'indication préalable de la teneur exacte ne sera pas obligatoire; mais la mention du prix du kilogramme pur devra être faite, soit sur la lettre d'avis, soit sur la facture délivrée à l'acheteur.

CONCLUSION

Il ressort de ce mémoire que le sulfate et l'acétate de cuivre ont une certaine importance.

Il serait intéressant de connaître une statistique donnant les quantités de sulfate de cuivre fabriqué annuellement depuis une cinquantaine d'années, mais cependant on peut dire que sa production va chaque année en augmentant.

En effet, il y a une trentaine d'années, le sulfate de cuivre n'était surtout qu'un produit secondaire de l'extraction des métaux précieux de leurs minerais ou bien du raffinage de ces métaux. Aujourd'hui, la fabrication de ce sel fait l'objet d'une industrie spéciale souvent adjointe, il est vrai, à la fabrication d'autres produits; le sulfate de cuivre n'est encore qu'un produit d'importance secondaire.

Son emploi dans l'industrie semble diminuer; pour le cuivrage, aux bains à sulfate de cuivre, on substitue des bains plus complexes; pour l'injection des bois, on le remplace souvent par la créosote et par d'autres produits antiseptiques.

Mais si les usages industriels du sulfate de cuivre diminuent d'importance, l'emploi de ce sel en agriculture croît tous les jours. La viticulture en absorbe chaque année davantage pour combattre le mildew et le black-rot qui semblent plus tenaces que jamais et qui exigent de très nombreux sulfatages et poudrages.

Le traitement de la maladie de la pomme de terre, le

chaulage des graines avec du sulfate de cuivre tend à se généraliser, la sylviculture commence elle-même à faire appel aux propriétés antiseptiques du sulfate de cuivre.

Quant au verdet, qui fait l'objet d'une industrie surtout montpelliéraine, probablement parce qu'il était fait autrefois à partir du marc de raisin, il est aussi utilisé en agriculture, ce qui a accru aussi ses débouchés. Cependant il est loin de tenir la place du sulfate de cuivre.

Production et consommation du sulfate de cuivre.

Au moment de remettre notre mémoire, nous trouvons dans *Le mois scientifique*, de mars 1914, un extrait d'un article paru dans *L'Industria chimica*, (décembre 1913), qui donne deux intéressants tableaux montrant la progression de la production et de la consommation du sulfate de cuivre.

CONSOMMATION du sulfate de cuivre en Europe en tonnes métriques.

ANNÉE	ITALIE	FRANCE	AUTRICHE	ALLEMAGNE
1903	42.700	»	11.800	5.000
1904	54.500	»	14.400	6.400
1905	56.600	»	13.900	7.300
1906	59.200	»	12.200	5.550
1907	60.400	21.800	14.970	7.800
1908	66.900	36.800	19.700	9.200
1909	36.500	32.300	14.390	11.500
1910	49.150	31.900	15.160	7.100
1911	81.400	34.900	20.630	8.300
1912	58.480	34.700	31.200	12.000

Production du sulfate de cuivre en tonnes métriques.

ANNÉE	ANGLETERRE	ÉTATS-UNIS	FRANCE	AUTRICHE	ITALIE	ALLEMAGNE
1894	36.207	»	»	»	2.984	4.809
1895	40.091	21.700	»	»	3.151	4.638
1896	53.464	22.100	»	»	4.756	6.838
1897	60.326	23.600	»	»	5.337	6.400
1898	53.112	25.000	»	8.300	6.464	4.838
1899	40.836	30.800	»	9.200	7.705	5.700
1900	43.587	34.900	»	8.300	13.491	5.300
1901	36.600	35.200	»	8.600	15.374	5.500
1902	44.000	21.800	»	8.200	14.601	5.200
1903	54.300	19.600	»	8.300	18.164	5.200
1904	71.400	28.800	»	10.000	17.237	6.584
1905	50.800	24.000	»	10.200	26.212	6.088
1906	43.600	23.200	»	10.400	34.276	6.758
1907	46.000	20.400	15.000	11.000	45.264	5.284
1908	72.400	17.200	24.000	11.400	12.598	7.117
1909	45.600	20.400	25.000	10.300	28.551	6.211
1910	43.400	12.400	26.000	11.800	36.236	5.200
1911	81.400	15.200	25.000	14.100	43.626	7.500
1912	85.500	18.000	26.000	15.200	40.000	8.700

Comme nous l'avons, d'ailleurs, déjà fait remarquer, l'auteur de cet article explique l'augmentation de la consommation du sulfate de cuivre par l'emploi de plus en plus grand de ce sel en agriculture.

Pour l'Italie, on remarque que la consommation diminue pendant certaines périodes d'une façon très notable, tandis qu'à d'autres époques elle prend, au contraire, de grandes proportions. Ceci s'explique parce que la consommation du sulfate de cuivre en Italie est due, à peu près uniquement, à son usage en viticulture. Cette consommation diminue par conséquent les années où les conditions atmosphériques ne sont pas favorables au développement du mildew.

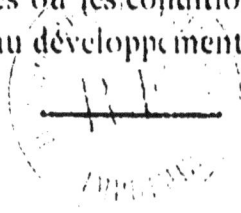

TABLE DES MATIÈRES

TROISIÈME PARTIE

EMPLOI
DU SULFATE ET DE L'ACÉTATE DE CUIVRE
EN AGRICULTURE

QUATRIÈME PARTIE

DOSAGE DU CUIVRE

Montpellier. — Imprimerie de la Manufacture de la Charité.